KB125621

합동작전환경
평가보고서

이 도서의 국립중앙도서관 출판시도서목록(CIP)은 e-CIP홈페이지(http://www.nl.go.kr/ecip)에서
이용하실 수 있습니다. (CIP제어번호: CIP2009000731)

THE JOINT OPERATING ENVIRONMENT 2008
Challenges and Implications for the Future Joint Force

미 래 통 합 군 을 위 한 도 전 과 함 의

합동작전환경
평가보고서

미국 통합군사령부 지음
박안토니오·박행웅 옮김

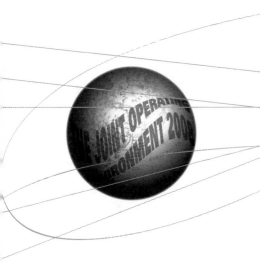

한울
아카데미

| 일러두기 |

- 『합동작전환경 평가보고서』의 취지는 미 국방부 전체의 통합 개념 개발과 실험을 알리고자 하는 것이다. 보고서는 미래의 통합군사령관과 국가 안보 분야의 다른 지도자들 및 전문가들을 위해 미래의 추세, 충격, 정황 및 함의에 관한 관점을 제공한다. 이 문서는 성격상 추론적이며 향후 25년 동안 무슨 일이 벌어질 것인가에 대한 예측을 상정하지 않는다. 오히려 전시 작전 수준의 미래 안보 환경에 대한 토론의 출발점으로 삼고자 기획된 것이다. 『합동작전환경 평가보고서』에 관한 질의는 미국 통합군사령부 공보실에서 담당한다(1562 Mitscher Avenue, Suite 2000, Norfolk, VA 23551-2488, (757) 836-6555).
- 『합동작전환경 평가보고서』는 정책 발표를 의도한 것이 아니다. 이 책은 북한의 지위에 관한 미국 정부의 공식적인 정책을 반영하지 않는다(The Joint Operating Environment is not meant to be a statement of policy. JOE 2008 does not reflect official U.S. Government policy regarding the status of North Korea).
- 미 국방부는 도서출판 한울이 영어 원본에서 번역한 문서의 정확성을 검증할 입장에 있지 않다(DOD Is Not in a Position to Verify the Accuracy of the Document which HPG has Translated from the Original English).

2008년 11월 미국에서 버락 오바마가 대통령에 당선된 직후 두 개의 중요한 미래예측보고서가 발표되었는데, 두 보고서 모두 북한을 핵무기 국가로 언급한 사실이 국내 언론의 주목을 끌었다. 하나는 미국의 국가정보위원회(National Intelligence Council: NIC)가 작성한 『글로벌 트렌드 2025(Global Trends 2025: A Transformed World)』(한울, 2009)고, 다른 하나는 미국 통합군사령부(United States Joint Forces Command: USJFCOM)가 작성한 『합동작전환경 2008(The Joint Operating Environment 2008)』로서 바로 이 책의 원전이다.

전자는 2025년의 미래세계를 형성할 일반적 추세를 다룬 것이고, 후자는 2030년대까지 미군의 작전환경을 예측·평가한 것이다. 두 보고서가 내용 면에서 일부 겹치는 부분이 있으나 전자가 총론이라면 후자는 미래 세계를 군사적 시각에서 본 각론이라고 할 수 있으며 전 세계에 걸쳐 배치·운용되고 있는 미군의 전략·전술을 엿볼 수 있다.

미국 버지니아 주 노포크에 본부가 있는 통합군사령부는 10개의 통합전투사령부 가운데 하나로서 1999년 종래의 대서양사령부가 기능 중심으로 개편된 것이다. 통합군사령부의 주된 임무는 실험과 교육을 통해 미군의 변환을 선도하고, 특히 육·해·공군 및 해병대로 구성된 합동훈련, 합동작전 운용, 합동개념 개발 등을 통해 현재와 미래 미군의 합동 역량을 제고하는 데 있다.

미국이 주도하는 일극체제가 무너진 다음 등장할 다극체제에서는 국제정세가 변화무쌍할 것으로 예상된다. 이 책의 내용은 국제적인 분쟁의 초점인 한반도에서 군사관계자뿐만 아니라 일반 독자에게도 2030년까지 전개될 국제환경을 내다보는 안목을 키우는 데 좋은 참고자료가 될 것으로 확신한다.

2009년 3월

옮긴이

머리말

　미래에 대한 예측은 항상 위험하다. 수정 구슬을 가지고 있는 사람은 아무도 없다는 사실을 인정해야 한다. 그렇지만 우리가 미국이라는 민주주의 실험을 보호하기 위해 진력하더라도 미래에 대한 예측을 시도하지 않는다면 허를 찔릴 수 있다는 사실에는 의심할 여지가 없다.

　『합동작전환경 평가보고서』는 전쟁의 작전 수준에서 당면하게 될 여러 가지 도전을 가장 정확하게 분별해내고 거기에 내재된 함의를 측정하기 위한, 역사적으로 공개된 전향적 노력이다. 미래의 환경이 보고서에 기술된 대로 될 리 없다는 점은 인정한다. 하지만 이 보고서가 미래의 개념 개발을 인도하기에 충분할 만큼 정확하다고 확신한다. 어떤 연구보고서도 미래를 100% 정확하게 맞힐 수 없지만 방향을 제대로 잡는 것이, 그리고 완벽을 기하기가 매우 힘들다고 해서 최선의 노력을 무위로 끝내지 않는 것이 가장 중요하다고 생각한다. 장차 전쟁이 발발했을 때 군 전체에 걸쳐 참여한 개념 개발자들은 후회가 없어야 한다. 이 보고서에 정의된 안보 함의에 대해 해결책을 연구하고 이의를 제기하며 실행한다면 그렇게 될 것이다. 장차 분쟁의 충격이 필연적으로 전쟁을 수반하는 기습공격을 초래했을 때 이 연구를 후회 없이 수행한 일이 성공의 밑거름이 될 것이다.

미국은 '채찍과 당근'을 모두 줄 수 있는 힘을 보유하고 있다. 우리는 미국을 최초로 설계한 사람들의 지혜와 비전에서 자라난 가치를 지키는 데 주도적인 역할을 계속 수행해야 한다. 우리는 우리가 공유한 가치를 위협하는 요소에 대해 환상에 빠져서는 안 되지만 군부를 미국 국력의 결정적인 하나의 측면으로 인식해야 한다. 미 군부는 적이 우리가 선호하는 방식으로 우리와 전쟁을 하기로 선택하든 아니하든 간에 우리가 당면한 안보 도전에 적응해야 할 필요성을 인정해야 한다. 미국 군부는 지배적일 수 없으며 정책 결정자들의 요구에 무관할 수 없다.

보고서가 인쇄로 넘어가는 시점에서 일련의 도전적인 환경에 직면하게 되었다. 보고서는 좀 더 장기적인 시각을 유지하며 미래전쟁에 관한 예방적인 비전을 피한다. 유능한 적이라면 누구나 우리의 알려진 취약점을 공격목표로 잡을 것이다. 그러므로 이 보고서에 담겨진 함의에는 순위를 매길 수 없다. 그러나 그 함의는 장차 통합군이 어떻게 작전할 것인지의 대강을 밝힌 동반 보고서, 즉 『최상위합동작전개념서(Capstone Concept for Joint Operations: CCJO)』의 기초가 된다. 『합동작전환경 평가보고서』가 '문제의 제기'를 했다면 이 개념서는 통합군이 장차 문제를 '해결하기' 위해 운용하는 방식으로 소용된다. 이 두 문건은 전체의 두 부분으로 보아야 한다.

전쟁과 같이 불확실성이 가득한 인간의 활동 분야에서는 접근방법에서 열린 마음을 유지하는 것이 필수적이다. 우리의 책임은 현재 우리가 복무하고 있는 조건보다 개선된 환경에서 후배들이 근무할 수 있도록 만드는 것이다. 보고서에 대한 비판을 많이 받아들이고자 한다. 여러분의 정보 입력에 부응해 이 보고서를 정기적으로 갱신할 계획이다. 기술 개발, 운용활동, 개념정립을 하는 데에는 창의성이 필요하다. 고강도와 저강도 위협 양쪽 다 비등하고 있을 때 매우 긴급하게 필요한 변화 마인드를 고취하는 것이 이 보고서를 발간한 의도다.

미국 통합군사령부, 사령관

해병대 대장

J. N. 마티스 (J. N. Mattis)

차례

들어가며

전쟁은 국가의 중대사다. 백성의 생사를 좌우하며 국가의 존망이 기로에 서게 되므로 신중히 검토하지 않으면 안 된다(兵者, 國之大事, 死生之地, 存亡之道, 不可不察也).[1]

— 손자

향후 4반세기 동안 미국 통합군은 원격지에서 발생하는 정규전과 비정규전에서부터 위기 발생 지대에서의 구조와 재건 활동, 세계 공유자산에 대한 지속적 개입에 이르기까지 다양한 위협과 기회를 맞이할 것이다. 이 기간 동안 발생할 분쟁의 원인은 합리적인 정치적 계산에서부터 통제 불능의 흥분상태에 이르기까지 다양할 것이다. 적의 능력은 자살폭탄테러범이 착용한 폭탄조끼에서부터 장거리 정밀유도 사이버·우주·미사일 공격에까지 이르고 있다. 핵무기, 생물학무기, 화학무기 등 대량파괴 위협은 안정된 국민국가에서 불안정한 국가 및 비국가 네트워크에 이르기까지 확대될 가능성이 있다.

각종 도전이 어떻게 나타나고 어떤 형태를 띨 것인지를 정확하게 예

---

1 Sun Tzu, *The Art of War*, trans. and ed. by Samuel B. Griffith (Oxford. 1963), p. 63.

측하기란 불가능하다. 그렇지만 정치·군사 지도자들이 활동하고 통합군을 동원할 것으로 보이는 환경을 살펴보기 위해 미래의 전략 및 운용정황의 틀을 짜고자 시도하는 노력은 절대적으로 중요하다. 그러한 노력은 최종 산물로 나타날 때보다 고위지도자와 의사결정권자가 토론에 참여할 때 그 가치가 훨씬 더 크다. 통합군은 오직 여러 가지 가능성과 씨름하고 주요 지표들을 결정하며, 시대의 표지판을 읽어야 미래의 도전에 대한 해답의 일부를 찾을 것이다. 그렇지 않고 현장에서 당장 벌어진 문제만 배타적으로 다룬다거나 이런 임무를 관료집단에 넘겨버린다면 위기가 발생했을 때 기습을 당할 것이며 단기 대응을 함으로써 인력과 재정에 막대한 손실을 입힐 것이 분명하다.

미래에 대해 생각하려면 시간을 초월하는 것과 변화 가능성이 있는 것 양쪽 다 이해할 필요가 있다. 기원전 5세기에 투키디데스가 언급한 바와 같이 "과거에 발생한 사건들은 …… (인간의 본성이 그런 것인데) 이때나 저때나 장차 아주 똑같은 식으로 반복될 것이다".[2] 많은 특성이 변하지 않을 것이며, 미래의 도전은 미군이 과거 2세기 동안 당면한 도전과 많은 면에서 유사할 것이다. 대부분의 선진국은 현재와 같이 지성적인 분위기겠지만 분쟁은 사라지지 않을 것이다. 역사의 진행과정에서 전쟁은 제일가는 변화의 주역이었으며 이 점에서 미래는 다를 것이라고 생각할 아무런 이유가 없다. 전쟁의 근본적인 성격도 변하지 않을 것이다. 전쟁은 원래가 인간이 저지르는 짓인데 이는 변함없을 것이다.

이와 대조적으로 전략적 판도의 변화, 신기술의 도입과 사용, 적대국

---

2 Thucydides, *The History of the Peloponnesian War*, trans. by Rex Warner (London: Penguin Books, 1954), p. 48.

의 적응과 창의성은 합동작전의 성격을 대폭적으로 바꿔놓을 것이다. 이 점에서도 과거는 미래에 대해 많은 것을 암시할 수 있다 ― 변화의 성격, 인간 사회에 미치는 변화의 영향, 평시와 전시 경쟁에서 인간 사회 사이의 교류 등. 동일한 상태에 머무르는 것도 많겠지만 변화 또한 지속적으로 인간사에서의 추진 요인으로 작용할 것이다.

향후 4반세기 동안 미국의 군사력이 분쟁에 끊임없이 개입하게 될 가능성을 배제할 수 없다. 향후 25년 동안 납치활동을 하고 이슬람교와 기타 종교를 자신들의 극단주의적인 목적을 위해 이용하는 집단들이 계속해서 존재할 것이다. 정치 안정을 해치고 세계경제에 결정적인 세계 공유자산에 자유롭게 접근하지 못하도록 시도하는 적대자들이 지속적으로 존재할 것이다. 이런 환경하에서 생각이 같은 파트너 국가와 활동을 함께하면서 미국의 국익을 지키기 위해 미군의 주둔, 활동범위, 역량이 계속 요구될 것이다. 분쟁이 쉴 새 없이 발생하는 시기에는 통합군이 적응하고 변환하는 것은 물론 단순히 건강성을 유지하는 것도 훨씬 더 복잡하며, 장비·인력·국가의지 면에서 희생이 따른다.

인간 조건의 특성을 보면 불확실하고 모호하며 불시에 일어나는 일이 사건의 과정을 지배한다. 미래에 대해 아무리 주의를 기울여 생각하고 준비를 철저히 하고 개념, 훈련, 교리가 조리 있고 사려 깊다고 할지라도 우리는 허를 찔릴 수밖에 없다. 가장 현명한 정치인이 내린 미래에 대한 가정이라 할지라도 그 가정은 현실에 의해 깨지고 만다. 18세기 영국의 지도자인 소(小) 윌리엄 피트(William Pitt, the Younger, 1759년 5월 28일~1806년 1월 23일. 케임브리지 대학을 졸업하고 변호사가 되어 22세에 하원의원이 되었으며 24세 때 최연소 수상이 되었음. 하원의 야당은 그를 무시해 비웃었으나 1784년 총선거에서 크게 이긴 후 그는 17년 동안 정권을 잡았음 ―

옮긴이)는 1792년 하원에서 행한 한 연설에서 다음과 같이 천명했다. "유럽의 상황에 비추어 볼 때 우리나라 역사상 현재보다 더 합당하게 평화의 15년을 기대할 때는 없었습니다."[3] 이런 연설을 한 지 몇 달도 지나지 않아 영국은 분쟁에 휘말리고 말았다. 이 분쟁은 거의 4반세기나 지속되었으며 당시까지 일어난 어느 전쟁보다 많은 유럽인의 생명을 앗아갔다.

가장 넓은 의미로 이 보고서는 다음 세 가지 문제를 검토한다.

- 향후 4반세기 동안 어떤 미래의 트렌드와 혼란이 통합군에 영향을 미칠 것인가?
- 이러한 트렌드와 혼란은 합동작전을 위한 미래의 정황을 어떻게 정의할 것인가?
- 통합군을 위해 이런 트렌드와 정황의 함의는 무엇인가?

이 보고서는 이러한 트렌드, 정황, 함의를 탐구함으로써 향후 4반세기 동안의 세계에 관한 사고의 기반을 제공한다. 보고서의 목적은 예측을 하는 것이 아니라 지도자가 미래에 대해 생각하는 방법을 제시하는 것이다.

본질적으로 전쟁이 인간의 활동이라고 한다면 인간의 본성을 가장 효과적으로 이해하기 위해서는 역사를 면밀히 연구해야 한다. 그렇기 때문에 보고서는 미래에 대한 구체적인 전망(futuristic vignette)보다는 미래에 대한 통찰을 구하기 위한 주요 수단으로서 역사를 사용한다. 논의

---

3 Quoted in Colin Gray, *Another Bloody Century* (London: Penguin Books, 2003), p. 40.

는 전쟁의 영속적인 성격, 변화와 돌발사태의 원인과 결과 그리고 전략의 역할부터 시작한다. 그런 다음 제2장에서는 통합군이 직면하게 될 트렌드, 불연속성, 잠재적인 분쟁 지점을 기술한다. 제3장에서는 이러한 트렌드와 혼란이 향후 4반세기 동안 합동작전을 정의할 가능성이 있는 정황으로 통합될 것이다. 제4장은 이러한 정황이 불확실한 미래를 맞이하는 통합군에게 시사하는 함의를 기술한다. 이 장에서는 또한 이런 정황에서 발생하는 도전을 해결하기에 적합한 군을 창설하는 것에 대해 고위 지도자들이 어떻게 생각하는지를 다룬다. 이는 미래에 관한 좀 더 광범위한 논의를 하도록 이 보고서가 독창적으로 기여하는 것이다. 결론을 내리기 전에 제5장에서는 이 연구의 전통적인 범위를 벗어나지만 미래의 통합군을 위해 중요한 함의를 지니는 주제에 관해 두 가지 선결 문제를 제기한다.

우리는 정치, 경제, 기술, 전략, 작전 등의 환경 변화로 허점을 노출시키게 될 것이다. 우리는 적의 창의성과 능력에 놀라지 않을 수 없을 것이다. 우리의 목표는 기습을 제거하는 것이 아니다 ― 그것은 불가능하다. 우리의 목표는 미래를 주의 깊게 연구해 기습을 피할 수 없을 때 난관을 최소화하면서 적응할 수 있는 통합군의 특성을 제시하는 것이다. 과거 군사적 효과성에 대한 진정한 테스트는 군대가 실제 상황에 직면해 신속하게 적응할 여건을 진단하는 능력에 있었다. 결국 향후 25년 동안 통합군이 어떻게 임무를 수행할 것인가를 결정하는 것은 미래를 계획하고 준비하며 기습에 대응하기 위한 우리의 상상력과 민첩성이다. 전쟁의 현실, 전쟁의 정치적 구조, 적도 적응력 있는 인간집단이라는 사실 등에 적응하는 민첩성은 과거 군사적 효과성을 결정하는 핵심 요소였으며, 미래에도 계속 그럴 것이다.

제 1 장

불변 사항

기원전 5세기 말 아테네의 협상자들은 곧 전쟁을 하게 될 스파르타의 적수들에게 그리스의 한 강대국으로서 자국의 지위를 포기하기를 거부하는 근거를 다음과 같이 명확히 했다. "우리는 제국을 제의받았을 때 받아들였고 그런 다음 포기하기를 거부했는데, 이렇게 하면서 이상한 짓을 한 적이 전혀 없고, 인간 본성에 어긋나는 짓을 한 적도 전혀 없다. 우리가 그런 짓을 못한 세 가지 가장 강력한 동기는 안보, 명예, 이기심이다. 그리고 이런 식으로 행동한 것은 우리가 처음이 아니다. 결코 처음이 아니다."[1]

― 투키디데스

---

[1] Thucydides, *History of the Peloponnesian War*, p. 80.

1. 전쟁의 본질

향후 4반세기 동안 미국 군대가 어떤 종류의 전쟁을 치르게 될지 어떤 목적으로 전쟁에 임하게 될지를 정확하게 예측할 수는 없다. 가능한 적과 전투에 사용하게 될 무기에 대해 추정할 수 있을 뿐이다. 그러나 확실하게 말할 수 있는 것은 전쟁의 근본적인 성격이 변화하지 않으리라는 점이다. 미국과 같은 민주주의 국가에서는 정치적 목적, 압력, 우유부단이 항시 군사작전을 제약했으며, 앞으로도 계속 그럴 것이다. "전 공동체가 전쟁을 하게 될 때 …… 그 이유는 항상 어떤 정치적 상황에 있다."[2] 전쟁은 정치적 목적을 위해 시작된 정치행위다. 21세기에 비국가집단이나 초국가집단의 행동으로 비롯되는 전쟁조차 정치적 목적을 간직할 것이다.

통합군은 분쟁이 지배적인 국제환경에서 활동할 것이다. 전쟁의 근원은 정책에 달려 있지만 다양한 요인이 과거의 전쟁 수행에 영향을 미쳤으며 향후에도 그럴 것이다. 한편으로는 권력의 합리적인 정치적 계산과 다른 한편으로는 세속적이거나 종교적인 이데올로기 사이의 긴장상태가 격정과 승산의 영향과 합쳐져 분쟁의 진로를, 불가능한 것은 아니지만, 예측하기 어렵게 하고 있다. 향후 수십 년 동안 미국 국민은 세계가 마치 미국을 발전시킨 것과 동일한 원칙과 가치에 따라 작동하는 것처럼 판단해서는 안 될 것이다. 세계의 많은 지역에는 적어도 우리가 볼 때는 합리적인 행위자들이 없다. 다음과 같은 적들과 싸우는 데는 협

---

2 Carl von Clausewitz, *On War*, trans. and ed. by Michael Howard and Peter Paret (Princeton University Press. NJ: Princeton University Press, 1976), p. 87.

상이나 타협의 여지가 별로 없다. 즉 민간인을 만도로 살육하기 위해 또는 공개시장에서 자살폭탄범으로 활동하기 위해 젊은 남녀를 대규모로 동원할 수 있는 적, 급진적인 이데올로기, 종교 또는 민족 감정 때문에 죽기를 겁내지 않는 적, 국경을 무시하고 선진국의 관례에 얽매이지 않는 적 따위와는 그럴 여지가 없다는 것이다. 인간이 격정에 휩싸이면 이는 생존의 문제로 바뀔 수 있다. 최근 역사를 보면 그런 세계가 존재했다 — 제2차 세계대전 당시 동부전선과 태평양 군도에서, 르완다 대학살이 일어난 아프리카에서 그리고 어느 정도는 이라크에서도 그런 세계가 존재했다. 격정이 지배하는 세계에서 합리적인 전략을 실행하기란 극도로 어렵다.

전쟁은 인간의 다른 어느 활동보다 더 인간을 감정에 휩싸이게 만든다. 시시때때로 두려움, 공포, 혼란, 분노, 고통, 무기력, 지겨운 기대, 과민 자각이 엄습한다. 전혀 상상할 수 없는 일들과 계산착오가 누적되어 군부와 정치 지도자들의 정신을 마비시키는 것은 이런 예측불허의 변화 때문이다. 전쟁의 와중에서 "신속한 결정력을 완전하게 유지할 수 있다면 그것은 예외적인 일(인간)이다".[3]

인간이 하는 전쟁에는 아무리 기술이나 컴퓨팅 파워가 발전한다 하더라도 변화하지 않는 다른 측면이 있다. 즉 혼미한 상황과 의견충돌이 전쟁 수행과정을 왜곡하고 은폐하며 뒤틀리게 만든다. 혼미한 상황은 정보 과부하, 오인, 잘못된 가정, 적이 예기치 않은 식으로 행동할 것이라는 사실 등으로 인해 발생할 것이다. 전쟁의 혼미한 상황과 의견 충돌

---

3 Carl von Clausewitz, *On War*, p. 113.

이 함께 나타날 것이다 — 의견충돌은 전쟁 수행을 그르칠 수 있는 수많은 사소한 사건과 행동, 승산이 미치는 영향, 전투가 인간의 지각에 미치는 무서운 효과 등을 둘러싸고 나타날 것이다. 의견충돌은 "전투과정의 바로 중핵에 놓여 있는 인간의 조건과 피할 수 없는 예측 불가능성으로 인해" 발생한다.[4]

전쟁의 이 같은 끊임없는 혼미한 상황과 의견충돌은 단순한 사건을 복잡하게 만든다. 전투 중 사람들은 실수를 저지르고 근본을 잊어버리며 갈피를 못 잡고 치명적인 사항을 무시하거나 관계없는 사항에 집중한다. 무능력자가 상황을 지배하는 경우도 있다. 잘못된 가정은 상황 인식을 왜곡시킨다. 승산 때문에 가장 주의 깊게 마련한 계획이 망가지고 왜곡되며 혼란에 빠진다. 불확실성과 예측 불가능성이 지배한다. 사려 깊은 군사지도자는 그러한 현실과 아무리 막대한 컴퓨팅 파워도 이런 기본적인 혼란상을 제거할 수 없다는 사실을 항시 인식한다.

알력이 압도적일 경우에는 계획, 행동 또는 군수품에 대해 오차 허용치를 엄격히 하더라도 실패하게 마련이다 — 예기치 못한 사태에 대해서는 더욱 파멸적이다. 전쟁의 피치 못할 불확실성에 대해 허용치를 전혀 주지 않는 작전이나 군수 개념 또는 계획은 겉만 봐도 수상쩍다 — 즉 노골적으로 실패를 부르고 때에 따라서는 패배를 부른다.

분쟁의 영속적인 특성은 군사지도자들이 가끔 적을 학습과 적응능력이 있는 군대로 인정하지 못하는 일이 재발한다는 사실에 있다. 전쟁은 "생명력이 없는 집단에 대해 살아 있는 힘이 작용하는 것이 아니라 항상

---

4 Barry d. Watts, *Clausewitzian Friction and Future War* (Washington, DC: Institute for National Strategic Studies, 1992), pp. 122~123.

두 개의 살아 있는 힘이 충돌하는 것이다".[5] 그와 같이 살아 있는 힘은 인간이 유사 이래 만끽한 모든 교묘하고 완고한 특성을 가지고 있다.

적대국이 유사한 역사적·문화적 배경을 공유하고 있는 경우에도 호전성이 있다는 단순한 사실만으로 태도, 기대, 행동 규범상의 심대한 차이가 나타난다. 문화가 달라 분쟁이 유발되는 경우에는 적대국이 상호 이해할 수 없는 방식으로 행동할 가능성이 더욱 클 것이다. 그렇기 때문에 "적을 알고 나를 알면 백 번 싸워도 위태롭지 않다(知彼知己, 百戰不殆)".[6] 전쟁을 수행하려면 적을 깊이 알아야 한다 — 적의 문화, 역사, 지리, 종교 및 이념적 동기, 특히 외부세계에 대한 인식의 커다란 차이 등. 전쟁의 근본적 성격은 변하지 않을 것이다.

2. 변화의 속성

만약 전쟁이 인간의 활동, 즉 학습하고 적응하는 두 개의 세력 간 분쟁으로 존속한다면, 정치적 지형의 변화, 적의 적응, 기술발전이 전쟁의 성격을 변화시킬 것이다. 지도자들은 그런 변화를 인식하지 못할 때가 많다. 인간은 무질서하고 혼란한 세계에 질서를 잡아야 한다는 타고난 욕구에 힘입어 현재와 때에 따라서는 과거로부터 지속성과 추정에 비추어 미래에 대한 사고의 틀을 짜는 경향이 있다. 그러나 과거 4,000년은 말할 필요도 없이 지난 4반세기만 간단히 살펴보아도 향후 수십 년 동안 일어날 변화의 정도를 짐작할 수 있다.

5 Carl von Clausewitz, *On War*, p. 77.

6 Sun Tzu, *Art of War*, p. 84.

25년 전 냉전은 미국 군대의 사고와 분쟁 준비의 모든 양상을 포괄했다 — 전략적인 수준에서 전술적인 수준에 이르기까지. 오늘날에는 그와 같이 전력을 다하는 집착은 역사적인 수사에 지나지 않는다. 4반세기 전 미국은 소련이라는 마르크스-레닌 이데올로기의 전파 및 영향력 확장에 집착하는 지도자를 가진 흉포하고 처치 곤란한 적과 대치했다. 그때 당시 소련 제국이 내부붕괴를 초래할 정도로 내부적 신뢰의 위기가 심화되고 있다는 사실을 인식한 사람은 정보공동체 또는 소련전문가들 사이에서도 별로 없었다. 적대하는 양편은 지구상에 각기 수만 개의 핵무기와 아울러 막강한 육군, 공군, 해군을 배치했다. 소련군은 아프간을 점령했으며 장비가 형편없고 훈련이 제대로 되지 않은 게릴라의 반란을 분쇄하기 직전에 이르렀다. 엘살바도르에서는 소련의 지원을 받은 반군이 승리 직전에 이르렀다.

미국과 소련이 대치하는 상황 너머에는 오늘과는 확연히 다른 세계가 있었다. 중국은 마오쩌둥이 지배한 어두운 시절에서 겨우 벗어나고 있었다. 중국의 남쪽에서는 인도가 거의 중세 수준의 빈곤에 빠져 헤어나지 못하고 있었으며 그런 가난에서 벗어날 것 같지 않았다. 인도대륙의 서쪽으로는 중동이 오늘날과 같이 정치적·종교적인 문제로 골치를 앓고 있었다. 하지만 당시에는 25년 내에 미국이 사담 후세인 정부를 상대로 두 번에 걸친 전쟁을 치르고 이라크와 아프간에서 동시에 반란을 진압하기 위해 다수의 지상군을 주둔시키리라고는 예측할 수 없었다.

그때와 지금 미국군대의 문화 및 조직의 차이는 과거와의 괴리 정도를 잘 나타낸다. 1983년 그레나다에서 '새로운 보석운동(New Jewel Movement)'(1979년 모리스 비숍 주도로 정권을 장악한 좌익정당—옮긴이)을 축출하는 데 개입한 세력들의 협력 부재로 당시의 합동작전은 준수하는

것보다 위반하는 경우가 더 다반사였다. 이런 상황 때문에 1986년 골드
워터-니콜스법(Goldwater-Nichols Act, 미 행정부가 중장기 외교전략을 매년
보고서의 형식으로 의회에 제출하도록 하는 내용의 법안—옮긴이)을 제정하
게 되었다.

군사능력 면에서 스텔스는 연구개발 공동체 외부에는 존재하지 않았
다. M-1탱크와 브래들리(Bradley) 전차는 육군의 전방부대에 막 배치되
기 시작했다. 위치추적시스템(Global Positioning System: GPS)은 존재하
지 않았다. 육군훈련소(National Training Center), 해병대훈련소(Twenty-
Nine Palms), 네바다 팔론(Fallon) 해군훈련기지 및 콜로라도 넬리스
(Nellis) 공군훈련기지는 미국의 전쟁 준비를 막 바꾸기 시작하고 있었
다. 정밀 공격은 주로 전술핵무기에 해당하는 문제였다.

또한 군부 밖의 경제·기술 지평이 얼마나 많이 변화했는지 보자. 경
제적으로 1983년에 세계화는 그 시작 단계에 있었으며, 대부분 미국,
유럽, 일본 사이의 무역과 관련된 것이었다. 동남아의 호랑이들은 부상
하고 있었지만 다른 국가들은 벗어날 수 없는 빈곤에 빠진 것처럼 보였
다. 하나의 예를 들면, 1983년에 국제시장에서 일일 자본이전은 약 200
억 달러였다. 오늘은 1조 6,000억 달러에 달한다.

기술적인 면에서 인터넷은 국방부에만 존재했다. 인터넷의 경제 및
통신 면에서의 가능성과 함의는 나타나지 않았다. 이동전화는 존재하지
않았다. 개인용 컴퓨터는 광범위하게 사용되기 시작했지만 신뢰성은 엉
망이었다. 마이크로소프트는 빌 게이츠의 차고에서 나타나기 시작했으
며 구글은 공상과학 작가들의 초기 저작물에만 존재했다. 다시 말하면
오늘날 당연시되는 정보·통신 기술의 혁명이 1983년에는 대부분 상상
도 못한 일이다. 혁명은 시작되었지만 혁명의 함의는 불확실하고 불분명

했다. 1983년 이래 인간 게놈 프로젝트의 완성, 나노기술, 로봇공학 등여타 과학적 발전 역시 공상과학 작가들에게서 유래한 것으로 보였다.

세계의 궤도를 생각하면 향후 25년 동안 과거 4반세기 동안 일어났던 것과 똑같이 극적이고 격렬하며 교란적인 변화가 초래될 것으로 생각할 만한 이유가 있다. 실제로 기술과 과학의 변화 속도가 빨라지고 있다. 변화는 에너지, 금융, 정치, 전략, 운용, 기술 영역에 걸쳐 발생할 것이다. 어떤 변화는 예견할 수 있고 심지어는 예측이 가능하지만 미래 통합군의 기획은 돌발사태가 확실히 일어날 것을 감안해야 한다. 사태가얼마나 격렬하고 얼마나 교란적일지는 현재로서는 가늠할 수 없으며, 어떤 경우에는 돌발사태가 발생할 때까지 눈치 채지 못할 수도 있다.

지속성과 교란 사이의 상호작용은 변화한 것과 변화하지 않는 것 양쪽 모두 볼 수 있는 통합군을 필요로 할 것이다. 그러므로 군은 근본적인 원칙의 가치를 인정하면서 그런 변화에 적응할 수 있는 능력을 가져야 한다. 그런 능력은 오직 올바른 의문을 제기할 수 있고 역사의식이있는 지적 능력에서 유래한다.

20세기의 전략적 판단

- 1900년 만약 당신이 세계 주요 강대국의 전략 분석관이었다면 당신은 영국인이었을 것이며, 영국의 해묵은 숙적인 프랑스를 방심하지 않고 주목했을 것이다.
- 1910년 이제 당신은 프랑스와 동맹을 맺었으며 당신의 적은 독일일 것이다.

- 1920년 영국과 그 동맹국은 제1차 세계대전에서 승리했지만 영국은 이전 동맹국인 미국, 일본과 해군 군비경쟁을 벌이게 되었다.
- 1930년 영국의 입장에서 해군 군비제한협정은 적절하다. 대공황은 시작되고 향후 5년 동안 국방계획은 '10년' 룰, 즉 10년 간 전쟁이 없을 것이라고 가정했다. 영국의 기획관들은 제국에 대한 주요 위협국으로서 소련과 일본을 가정한 반면, 독일과 이탈리아는 우호적일 것으로 또는 위협은 아닐 것으로 보았다.
- 1936년 영국의 기획관은 이제 세 나라를 가장 위협적인 국가로 가정했다. 즉 이탈리아, 일본, 그리고 최악의 위협국인 재기한 독일이었다. 한편 미국으로부터는 지원을 별로 기대할 수 없었다.
- 1940년 6월 프랑스가 붕괴됨으로써 독일과 이탈리아와의 승산 없는 전쟁에서 영국만 홀로 남게 되었다. 일본은 태평양에서 위협적인 존재다. 미국은 최근에야 군대의 재무장을 급히 서두르기 시작했다.
- 1950년 미국은 이제 세계 최강국이 되고 핵 시대의 새벽이 왔다. '경찰행동'은 6월 한국에서 시작되었다. 한국전쟁에서는 1953년 체결된 휴전협정으로 전투를 중단할 때까지 사망한 인원이 미군 3만 6,500명, 한국군 5만 8,000명, 동맹군 3,000명, 북한군 21만 5,000명, 중공군 40만 명 그리고 한국 민간인 200만 명이었다. 이 전쟁에서 주 적대국은 중국이었는데, 중국은 대일본전에서는 동맹국이었다.

- 1960년 미국에서 정치인들은 존재하지 않는 미사일 격차에 집중했다. 대량보복 전략은 곧 유연대응 전략으로 대체될 시기였다. 한편 베트남에서 발생한 소규모 반란사태는 미국의 주목을 거의 받지 못했다.

- 1970년 미국은 베트남에서 철수하기 시작하고 미군은 대혼란에 빠졌다. 소련은 바르샤바 동맹국의 초기 반란을 진압했다. 소련과 미국 간 데탕트가 시작되었다. 반면 중국은 미국과 비공식 동맹을 맺기 위해 눈에 띄지 않게 준비하고 있었다.

- 1980년 소련은 아프간을 침공했다. 한편 이란의 신정 혁명은 샤 정권을 붕괴시켰다. 이란에서 미국 인질들을 구출하기 위한 작전인 '데저트 원(Desert One)'은 치욕적인 실패로 끝났는데, 이는 전문가들이 '속빈 전력(hollow force)'이라고 부르는 또 하나의 사례다. 미국은 세계 역사상 최대의 채권국이 되었다.

- 1990년 소련이 붕괴했다. 이른바 속빈 전력은 허장성세의 이라크군을 분쇄하는 데 채 100시간도 걸리지 않았다. 미국은 세계 최대의 채무국이 되었다. 국방부 밖에서는 인터넷에 대해 들어본 사람이 아무도 없다.

- 2000년 바르샤바는 북대서양조약기구 회원국의 수도다. 테러리즘은 미국의 최대 위협으로 등장했다. 바이오기술, 로봇공학, 나노기술, HD 에너지 등은 하도 빨리 발전하고 있어 전망을 내릴 수 없다.

- 2010년 위에 기술한 것을 보고 이에 따라 계획을 세우자! 향후 25년 동안 무엇이 교란을 일으킬까?

3. 교란의 도전

여러 가지 트렌드를 보면 가능성과 잠재적인 방향을 짐작할 수 있지만 미래를 이해하는 데는 트렌드를 믿을 수 없다. 왜냐하면 트렌드는 상호작용하고 다른 요인의 영향을 받기 때문이다. 1929년의 대폭락 이후 월스트리트의 하향세가 경기침체로 이어진 것은 당연하지만 스무트-홀리(Smoot-Hawley) 관세법 통과는 미국의 대외무역을 파괴하고 경기침체를 세계적인 대공황으로 악화시켰다. 미래를 생각한다면 몇몇 개인의 능력을 과소평가해서는 안 된다. 심지어는 어느 한 개인이 사건의 과정을 결정할 수도 있다. 인류가 장차 유사한 행동 패턴으로 활동할 수 있다고 예측하는 것은 무리가 없지만 언제, 어디서, 어떻게 활동할지는 전혀 예측할 수 없는 상태다. 미래의 스탈린, 히틀러 또는 레닌이 등장할 수도 있지만 이는 전혀 예측 불가능한 일이고 그런 사람들이 정상에 오를 수 있는 정황은 예견할 수 없다.

수많은 다른 요인 가운데 경제 트렌드의 교차, 문화와 역사적 경험의 큰 차이 그리고 지도자들의 특이성은 예측을 불가능하게 할 만큼 복잡하게 상호작용한다. 윈스턴 처칠은 제1차 세계대전의 역사에 관한 자신의 저서에서 그러한 복잡한 관계를 절묘하게 묘사했다.

세계대전의 원인을 조사하다 보면 세계의 운명이 걸린 문제와 관련 개인들을 잘못 통제했다는 느낌이 머리를 지배하게 된다. '인간사에는 항상 계획보다 오류가 더 많다'는 말은 옳다. 가장 유능한 사람들의 제한된 사고, 논란거리인 그들의 권한, 그들에 대한 여론, 거대한 문제에 대한 그들의 일시적이고 부분적인 기여, 그러한 문제 자체가 그들의 역량을 훨씬 초월하며 규모와 세부사항이 너무 방대하고 양상이 너무 변화한다는 점 ― 이러한 모든 것이 확실하게 고려되어야 한다.[7]

따라서 개인들, 그들의 특이성, 천재 그리고 무능은 이러한 교란의 주요 요인들이다. 아마도 미국 역사상 최악의 대통령인 제임스 뷰캐넌의 후임자는 가장 위대한 대통령인 에이브러햄 링컨이었다. 개인들은 변함없이 자신의 평가기준의 문화적·역사적 틀에 예속된다. 이런 틀 때문에 다른 국가 및 다른 지도자들의 행동을 이해하기 어려우며 예측하기는 훨씬 더 어렵다. 하지만 그렇다고 해서 전략, 작전, 전술 수준에서 잠재적 정치·군사 지도자들의 역사상의 영향력에 관해 가능한 한 깊이 이해하려는 노력을 단념해서는 안 된다.

지도자 개인의 행동을 통해 모든 교란이 발생하는 것은 분명 아니다. 정권의 전복, 경제시스템의 붕괴, 자연재해, 국가 내부 또는 국제 분쟁을 포함한 대사건들은 역사의 흐름을 타며, 그 흐름을 새롭고 예견하지 못한 방향으로 돌린다. 그런 특이성은 정말로 예측불허다. 다만 다시 발생하리라는 것은 확신할 수 있다. 특이성은 새롭고 예상하지 못한 방향으로 미래를 이끌어갈 수 있다. 여기서 돌발사태의 영향을 완화할 수 있는 유일한 전략은 과거에 대한 지식, 현재에 대한 이해, 그리고 적응하려는 의지와 능력을 가진 균형 잡힌 힘이다.

---

7 Winston S. Churchill, *The World Crisis* (Toronto: MacMillan, 1931), p. 6.

역사의 취약점 그리고 미래

과거의 유형과 과정은 현재 살아 있는 사람들에게 상대적으로 직설적이고 명백해 보인다. 하지만 이는 가보지 않은 길 또는 발생했을지도 모르는 사건들이 그렇지 않기 때문일 뿐이다. 이것은 20세기 초 30여 년간을 산 세 개인의 운명이 가장 분명하게 보여준다. 아돌프 히틀러는 1914년 8월 초 제16 바바리아 예비연대(일명 '리스트' 연대)에 입대했다. 두 달 후 그와 훈련을 제대로 받지 못한 3만 5,000명의 징집병들은 영국 해외파견부대의 노련한 군인들과 싸우게 되었다. 전투 개시 하루 만에 리스트 연대는 병사의 3분의 1을 잃었다. 랑게마르크 전투에서 독일은 약 80%의 사상자를 냈다. 히틀러는 손톱만큼도 다치지 않았다. 17년 후 윈스턴 처칠은 뉴욕을 방문했을 당시 방향을 제대로 보지 못해 커브 길에서 넘어져 중상을 입었다. 2년 후 1933년 2월 프랭클린 루스벨트는 암살 목표였으나 그를 겨냥한 탄환이 빗나가 시카고 시장을 죽였다. 이 세 명 중에서 어느 한 사람이 사망했었다면 20세기 역사는 근본적으로 다른 과정을 밟았을 것이라는 데 대해 의심할 사람이 있는가?

4. 대전략

건물이 상부구조가 아무리 멋지고 아름답다 할지라도 기초가 위태롭다면 철저히 망가지고 불완전한 것과 마찬가지로 전장에서 장군의 솜씨, 병사의 용맹, 승리의 찬란함은 아무리 결정적이라고 할지라도 전략이 잘못되면 그 효과를 거두지 못한다.[8]

—머핸

미래의 통합군사령관들은 대전략을 수립하지는 않겠지만 대전략이 달성하고자 하는 목적을 충분히 이해해야 한다. 사령관들은 미국의 국익을 보호하기 위해 통합군이 어떻게 사용되어야 하고 통합군의 효과적인 사용을 위해 필요한 수단이 무엇인지 제시하는 역할을 해야 할 것이다. 군 지도자로서 사령관들의 전문적이고 특색 있는 조언은 전략적 도전에 대해 효과적으로 대응하는 데 있어 필수적이다.

20세기에 미국에서 정치적 비전을 가진 지도자와 정책 실행을 책임지고 있는 군부 지도자 사이의 관계는 두 번의 세계대전과 냉전을 승리로 이끄는 데 결정적인 것으로 입증되었다. 하지만 대전략을 수립하는 책임자들과 군 작전을 수행하는 책임자들 간의 대화와 토론에는 언제나 긴장이 따른다. 그들의 세계관이 다르기 때문이다. 장차 통합군사령관들은 목적을 달성하는 데 필요한 부대(수단)를 천거하기 위해 전략 목적을 이해해야 한다. 그리고 정책 입안자는 군부대 동원에 따른 강점과 제약, 잠재 비용에 관해 분명하게 파악해야 한다. 목적과 수단 사이의 관계는 합동작전의 논리를 이끈다. 사령관들이 정책 입안자들에게 통합군을 효과적으로 동원하는 데 필요한 이해를 오직 명백하고 자유로운 조언을 통해서만 제공할 수 있다.

8 Robert Heinl, *Dictionary of Military and Naval Quotations* (U. S. Navel Institute Press, 1976), p. 311.

제 2 장

세계 안보에 영향을 미치는 트렌드

병사들이 기대하는 것, 즉 그들의 돌진을 확보하는 구체적인 것을 제시하여 병사들을 출전시켜라. 그것에 병사들은 온통 마음이 사로잡혀 예측 가능한 형태의 반응을 보이면서 안정된다. 그 사이 장수는 병사들이 예측할 수 없는 비상사태에 대비하면 된다.[1]

―손자

트렌드 분석은 전망을 내는 데 가장 취약한 요소다. 향후 4반세기 동안 세계의 미래는 자연적으로 그리고 인공적으로 발생한 엄청난 교란과 돌발 사태에 달려 있을 것이다. 교란 사태와 여타 많은 연속된 힘은 어떤 단일 트렌드의 궤도를 쉽게 변경시킬 수 있다. 『합동작전환경 평가 보고서』는 미래의 트렌드와 궤도의 전부는 아닐지라도 다수가 직선적

---

[1] Sun Tzu, *The Art of War*, p. 92.

으로 전개되지 않을 것임을 인식한다. 하지만 분석 목적으로 이 보고서는 다수의 트렌드를 검토하는 전통적인 접근방법을 사용하고 보수적인 추정을 활용했다. 예컨대 인구통계는 미국 인구센서스 같은 출처의 추정치를 사용했다. 경제와 관련해서는 선진국의 성장률은 2.5%, 중국을 포함한 개도국의 성장률은 4.5%로 가정했다. 이런 식으로 이 보고서는 트렌드를 검토한다. 최종 분석에서 트렌드의 가치는 예측을 정확하게 내리는 데 있는 것이 아니라 미래의 작전활동을 위해 더욱 장기적인 정황을 형성하고자 트렌드가 어떻게 결합하는지를 여러 가지 방식으로 통찰해보는 데 있다. 또한 트렌드 분석은 세계가 장차 택할 경로를 '점검하고' 필요한 조정을 하기 위해 사용할 수 있는 어떤 지표나 징표를 찾는 데 도움이 될 수 있다. 그럼에도 보수적이고 직선적인 증가율의 자료와 전략적 함의는 미래의 어두운 모습을 암시하는 결과를 담고 있다.

1. 인구통계

트렌드에 관한 논의를 시작하기에 좋은 분야는 인구통계다. 그 이유는 오늘날 인구통계학적으로 발생하는 일이 대재앙에 의해 변경되지 않는 한, 지역과 국가의 인구에 예측 가능한 결과를 발생시키기 때문이다. 그와 동시에 중요한 것은 인구통계는 미래의 전략적 자세와 태도에 함의를 지닌다는 사실이다. 전 세계적으로 인구가 매년 약 6,000만 명이 늘어나 2030년대에는 80억 명에 달할 것이다. 인구 증가의 95%는 개도국에서 발생할 것이다. 더욱 중요한 점은 세계의 고민이 비참한 빈곤지역에서 발생할 뿐만 아니라 개도국에서 더 심하게 발생한다는 사실이다. 개도국에서는 인구학적 요인과 경제가 결합하여 인구가 증가하지만 높아진 기대치를 충족시키기가 어렵다. 여기서 세계경제 실적은 민족적이거나 종교적 기반의 폭력 운동을 억제하거나 자극하는 열쇠가 될 것이다.

선진국은 정반대의 문제에 직면할 것이다. 향후 25년 동안 선진국의 인구성장은 완만해지거나 어떤 경우에는 감소할 것이다. 특히 러시아의 인구는 현재 매년 0.5%씩 감소하고 있으며, 러시아의 건강과 복지 현황을 고려할 때 지속적으로 인구가 감소함으로써 사회적인 태도 또는 공공 정책의 대폭적인 전환을 저지할 가능성이 크다. 최근 국제전략연구소(CSIS)의 보고에 의하면 "러시아는 문자 그대로 대유행병이 없을 때 역사상 유례가 없는 인구감소율에 대처할 필요가 있다".[2] 러시아 서쪽의 유럽은 정도는 덜하지만 유사한 인구 감소 문제가 존재한다. 전반적으로 볼 때 유럽 여러 나라는 2007년 사망으로 줄어든 인구를 신생아로 대체하지 못했다. 이런 트렌드를 역전시키기 위해 상당한 노력을 기울이더라도 2030년대까지 인구가 크게 증가할 것으로 보이지는 않는다. 이러한 인구 감소 추세는 이 지역의 경제성장 지속 가능성에 심각한 우려를 제기한다. 또한 이는 군사력 사용에 필연적으로 수반되는 생명과 재산의 희생을 유럽사회가 부담할 의사가 있는지에 대해 심각한 함의를 지닌다.

마찬가지로 일본의 인구는 2030년대까지 1억 2,800만 명에서 1억 1,700만 명으로 줄겠지만 러시아의 경우와는 달리 인구 감소가 의료 서비스가 부족한 결과로 일어나는 것이 아니라(일본의 의료 서비스는 세계 최고 수준이다) 출생률 급감에 기인할 것이다. 일본은 인구 감소를 시정하기

---

2 CSIS, "The Graying for the Great Powers,"(Washington, DC), p. 7.

위해 진지한 조치를 취하고 있다. 일본이 연구개발의 주력을 로봇공학에 두고 아울러 자본집약 경제로 이행하는 것도 이러한 요인 때문이다.

향후 25년 동안 중국 인구는 1억 7,000만 명이 늘어날 것으로 보이지만 정부의 1가족 1자녀 갖기 정책의 철저한 시행으로 인구의 평균연령이 크게 높아질 것이다. 중국의 많은 가정이 1자녀 제한을 남아로 채우려는 경향은 중국의 행태에 영향을 미칠 추가적인 인구통계학적 요인이다. 그런 결과로 젊은 남녀 사이의 불균형이 2030년까지 중국의 대내외 정책에 어떤 작용을 할지는 예측이 불가능하다. 역사적으로 유사한 사례가 없기 때문이다. 그렇지만 젊은이들 가운데 폭력 선호 현상이 증대하는 조짐이 있는 반면, 중국이 티베트에서 저지른 처사를 비판하는 여

인구통계: 연령별 인구

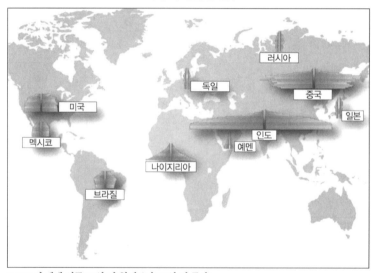

- 2025년 세계 인구 80억 명(현재보다 20억 명 증가)
- 개도국은 거의 모두 인구 증가
- 유럽, 일본, 러시아, 한국은 절대인구 감소
- 미국 인구는 2025년까지 5,000만 명 증가(선진국 가운데 유일)

론이 형성되자 젊은이들 가운데서는 민족주의적 감정이 폭발적으로 나타나기도 했다.

세계 인구 피라미드

인구 피라미드는 한 국가 또는 그룹의 규모와 연령 구성을 추적하기 위해 사용되는 인구통계학자의 도구다. 각 막대기는 남성은 왼쪽에, 여성은 오른쪽에 4년 단위(맨 아래는 0~4

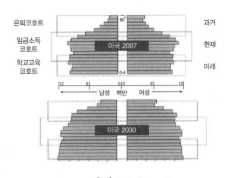

출처: U.S. Census Bureau

세의 최연소층)로 연령 그룹을 나타낸다. 앞 페이지의 피라미드는 2030년의 시간 틀에서 특정 국가의 인구예측을 보여주며 각 피라미드의 가로는 척도다. 따라서 2030년의 예멘이 인구 면에서 러시아의 라이벌이 되는 것을 볼 수 있다. 선진국은 전반적으로 은퇴자에 비해 젊은이의 수가 극적으로 감소한 전형적인 '역전된' 패턴을 보여준다. 이러한 감소 패턴은 선진국에서 대부분의 복지 시스템이 약간의 인구 증가를 가정하기 때문에 관리하기가 어려울 것이다. 나이지리아와 예멘 같은 개도국은 왜 인구 피라미드라는 이름이 지어졌는지를 실증해 보이며, 자녀가 많은 대가족이 급속도로 증가하는 국가의 전형이다. 중국의 1자녀 정책 효과는 분명하다. 특히 인구가 급속도로 증가하는 인도와 비교할 때 그렇다. 미국은 인구가 많지만 상대적으로 안정된 국가 가운데 중간 위치를 차지하고 있다.

2030년대까지 미국 인구는 5,000만 명이 늘어나 총 3억 5,500만 명에 달할 것이다. 이러한 인구 증가는 현재 미국 가족의 출생률뿐만 아니라 계속되는 이민, 특히 멕시코와 카리브 지역으로부터의 이민이 증가한 결과일 텐데, 이는 미국의 히스패닉 인구 증가를 유발할 것이다. 2030년까지 미국 모든 주 인구의 적어도 15%는 히스패닉일 것이며, 어떤 주에서는 그 수치가 50%에 달할 것이다. 미국이 새로운 이민자들을 미국의 정치와 문화에 얼마나 효과적으로 동화시킬 수 있을지가 미국의 앞날에 큰 역할을 할 것이다. 이와 관련해 이민자를 미국 사회와 문화에 동화시키는 역사적 능력은 분명 미국이 대부분의 여타국보다 한 수 위다. 여타국은 이민자를 사회의 주류로 통합시킬 의사가 별로 없다.

향후 4반세기 동안 인도의 인구는 3억 2,000만 명이 늘어날 것이다. 인종과 종교의 다양성 때문에 이미 분열된 국가에서 빈부격차 확대로 발생할 긴장상태는 추가적인 경제성장 잠재력에 심각한 영향을 미칠 것이다. 인도대륙의 거대한 중산층과 빈곤상태에 빠져 있는 촌락민 사이에, 그리고 이슬람교도와 힌두교도 사이에 긴장이 악화될 것이다. 그럼에도 인도의 민주주의체제는 사회의 빈곤층을 수용하기 위한 정치적 변화를 어느 정도 허용할 것이다.

중동 전역과 사하라 이남 아프리카의 지속적인 인구 증가는 최근에야 둔화되기 시작했지만 경제성장이 인구 증가를 따라잡지 못하는 인구 위기를 제압할 만큼 둔화 속도가 빠르지는 않다. 비참할 정도로 빈곤한

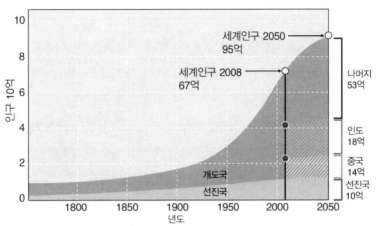

2050년의 인구: 선진국과 개도국

세계인구 2050
95억

세계인구 2008
67억

나머지
53억

인도
18억

중국
14억

선진국
10억

개도국

선진국

인구 10억

년도

출처: United Nations Populations Reference Bureau.

지역에서 청년 인구의 지속적인 증가는 기아상태의 사람들을 먹여 살리고 고통을 경감시키기 위한 미군의 배치 가능성을 의미한다. 경제성장이 기대를 높이지만 그 기대를 충족시키지 못하는 곳에서는 내란 등 혁명이나 전쟁 발생 잠재성이 상당할 것이다.

개도국들이 청년 인구 팽창에 대처해야 하는 반면에 선진국은 심각한 노령화 문제에 직면하게 될 것이다. 2030년대까지 선진국의 노인 인구는 배증할 것이다. 일본에서는 근로자 100명당 노인 63명이 될 것이며 유럽에서는 59명이 될 것이다. 미국의 경우는 이보다 좀 형편이 나아 근로자 100명당 노인 44명일 것이다. 중국에서는 영양과 의료가 개선된 결과 근로자 대 노인 비율이 배증해 근로자 100명당 노인 수가 12명에서 23명으로 늘어날 것이다. 그런 인구변동 트렌드로 인해 선진 제국은 비상사태가 발생하지 않는 한, 군사적인 모험으로 젊은이들을 희생시키지 않을 것으로 보인다. 중동과 사하라 이남 아프리카와 같이 청년

층이 인구의 50%를 넘는 지역은 분쟁에 휘말리는 것을 억제할 요인이 거의 없을 것이다.

전 세계적으로 인류는 끊임없이 이동한다. 이슬람교도와 아프리카인은 유럽으로, 중국인은 시베리아로, 멕시코인과 다른 중남미 사람들은 미국과 캐나다를 향해 북쪽으로 이동하고 있으며, 필리핀과 인도 사람들은 걸프 제국 경제에 노동력을 제공하고 소규모 상업의 중추 역할을 한다. 이와 함께 중요한 것은 수단, 소말리아, 다르푸르, 르완다와 같이 전쟁으로 파괴된 아프리카 지역에서 발생하는 이민이다.

어디서나 사람들은 도시로 몰려들고 있다. 숙련 노동자, 의사, 엔지니어는 선진국에서 생활하기 위해 가능한 한 빨리 선진국을 향해 떠나가고 있다. 이와 같은 세계적인 이산가족들은 점차 인터넷과 전화를 통해 모국과 연결한다. 그들이 가족에게 보내는 돈은 모국의 공동체에서 향토 경제의 주요한 몫을 형성한다.

2. 세계화

선진국은 대부분 세계화의 지속적인 진전에 이해관계가 크게 걸려 있다는 점을 인식하고 있다. 선진국으로 진입하는 국가들의 경우도 동일하게 말할 수 있다. 그렇지만 그들이 선진국으로 진입하면서 겪는 여론의 역사와 격정을 무시해서는 안 된다. 선진국의 외관을 가졌다고 해서 기저에 시민사회의 안정과 성숙성이 존재한다고 혼동해서는 안 된다. 세계화의 속도가 지속될 경우에만 좀 더 평화롭고 협동하는 세계가 가능하다. 특히 이는 중국과 여타국이 선진국 대열에 참여할 때 정치적·문화적으로 참여시킨다는 것을 뜻한다.

세계화를 비판하는 사람들은 빈부격차의 어두운 면을 부각시킬 때가 많다. 최악의 시나리오를 보면 세계화의 직접적인 결과로서 전 세계적으로 분노와 폭력이 증가한다는 것이다. 세계화로 사람들의 상호작용이 가속화되고 상호작용의 범위가 확장되기 때문에 미래의 세계가 좋은 일과 나쁜 일 양쪽 모두 내포할 것이라는 점은 놀랄 일이 아니다.

향후 20년 동안 세계화를 가속화시키는 과정에서 세계 인구 대부분, 특히 최빈국 국민 수억 명의 삶을 개선시킬 수 있을 것이다. 경제적 트렌드의 결과로서 심각한 폭력사태가 거의 틀림없이 발생하는 것은 경제·정치 시스템이 높아진 기대치를 충족시키지 못하기 때문이다. 세계화에 실패한다면 이처럼 높아진 기대치를 충족시킬 수 없게 될 것이다. 그렇기 때문에 최빈국조차 선진국에 관한 모습과 언론보도에 접근하는 세계화된 세상에서 진짜 위험은 세계적인 번영이 역전되거나 또는 중단되는 데 있다. 그럴 가능성은 축소되는 부와 자원의 몫을 서로 더 차지하겠다는 개인과 국가의 아귀다툼을 초래할 수 있다. 이런 일은 1930년대에 발생했는데, 당시 유럽에서는 나치 독일이 발흥하고 일본의 아시아 '대공영권'이 등장했다.

또한 일부 국가는 세계화로 인해 후진 상태에 머물게 될 것이다. 이런 국가는 지리와 문화의 불운으로(사하라 이남 아프리카 대부분) 또는 계획적으로(북한과 미얀마) 그런 상태에 머물 것이다. 이런 국가들 중 다수는 취약국가이고 실패국가이며 안정을 구축하거나 지속하기 위해 다량의 경제적·외교적·군사적 외부자원을 필요로 할 것이다.

세계화된 강대국 세계에서 미국은 지역적인 문제가 발생할 때 항상 주도적인 역할을 할 필요는 없을 것이다. 2030년대까지는 세계의 모든 지역이 지도력을 발휘할 수 있는 역내 경제강국 또는 지역기구를 갖게 될 것이다. 어느 경우건 미국은 전 세계의 군사작전에서 협력 또는 지원 역할을 하는 데 신중하게 임할 때가 많을 것이다. 대부분의 경우 미국과 지역강국 간 실패국가에 원조를 하거나 개입을 할 때 협력적인 참여가 요구될 것이다. 다시 한 번 말하지만 다른 문화를 가진 외국 국민·군사 조직과 함께 일하려면 통합군 전반에 걸쳐 사령관, 참모, 구성원의 도구함에 외교관의 솜씨가 들어가 있어야 한다.

세계화 역사로부터의 교훈

세계화에 대한 정의를 어떻게 하면 가장 잘 할 수 있는가? 어떤 사람은 국제무역 증가, 사람의 이동에 대한 제한 축소, 자본 이동에 대한 가벼운 규제 등의 측면에서 세계화를 묘사할 것이다. 적어도 그것은 20세기 초 정치인들과 전문가들이 정의한 것이다. 당시 유럽인들은 대륙 어느 나라에서 다른 나라로 여행할 때 여권이 필요치 않았는데 이런 상황은 1990년대 말에 와서야 회복되었다. 1913년경 세계 GDP에서 국제무역이 차지하는 비중은 세계경제가 20세기 마지막 10년이 되어서야 복제할 수준에 도달했다. 미국과 독일의 경제는 전례 없이 높은 성장률로 팽창했다. 서방 상인들은 중국이 수세기 만에 최초로 시장을 개방하자 무수한 대중에 상품을 공급하기 위해 줄을 섰다. 게다가 역사상 최대의 이민 — 그것도 평화로운 이민 — 이 실현되어 2,500만 명의 유럽 사람들이 고향을 떠나 대부분 미국으로 이주했다.

또한 역사상 유례가 없는 기술과 과학 혁명이 일어났다. 그 여파로 여행과 통신 혁명이 발생했다. 대서양 횡단 여행은 이제 몇 주나 몇 달이 아니라 며칠 만에 할 수 있게 되었다. 전신 케이블은 즉각적인 통신을 위해 대륙을 연결했다. 철도 덕분에 여행객들은 몇 달이 아니라 며칠 만에 대륙을 횡단할 수 있게 되었다. 내연기관은 이미 육지 여행에 영향을 미치고 있었으며, 1930년 항공기의 출현은 더 큰 가능성을 암시했다. 만국우편연합, 국제전신규약과 같이 복잡한 국제협정망은 이러한 변화를 다함께 묶어주었다. 또 다시 사람들은 오늘날과 같이 새로운 세계질서의 방향을 정부에 맡겨 놓는 데 만족하지 않았다. 20세기 최초 10년 동안 활동가들은 119개의 국제기구를 창설했으며, 두 번째 10년 동안은 112개의 국제기구를 창설했다.

대다수의 사람들에게 그때는 희망과 낙관주의의 시기였다. 영국의 산업가인 존 브라이트는 일찍이 19세기 중반 다음과 같은 주장을 폈다. "무역국가에는 전쟁정책만큼 어리석은 게 없다. 평화는 어떤 것이든지 간에 가장 성공적인 전쟁보다 낫다." 1911년 영국의 언론인인 노먼 에인절은 『거대한 환상(The Great Illusion)』이라는 책을 발간했다. 이 책은 국제적인 베스트셀러가 되었다. 그는 이 책에서 세계의 상업 확장은 부의 성격을 변화시켜 이제 부는 영토나 자원의 통제에 달려 있지 않다고 주장했다. 에인절이 볼 때 군사력이 안보의 기초가 된다는 신념은 위험한 환상을 나타내는 것이다. 전쟁 그 자체를 보면 전쟁은 부를 창조할 수 없는 무모한 노력이며 많은 부를 위험에 처하게 한다는 것이다. 그의 주장은 세계 무역의 서로 맞물린 네트워크는 결국 전쟁을 불가능하게 한다는 신념에 이르렀다. 1913년 그는 개정판을 내 더 많은 갈채를 받았다.

하지만 채 1년도 되지 않아 제1차 세계대전이 발발했다. 정치적·경제적 관점에서 보면 전쟁의 결과는 그 후 70년 동안 세계화를 분쇄하고 말았다. 에인절은 현대 전쟁의 절대적인 파괴효과에 관해서는 제대로 맞혔으나 인간의 본성과 격정에 대해서는 제대로 맞히지 못했다.

이것은 어째서 중요한가? 이와 똑같은 주장이 다시 유행하고 있기 때문이다. 많은 사람들에게 특히 서방에서 21세기에 서로 맞물린 무역과 통신 네트워크는 그 편익과 함께 전쟁을 불가능하게는 아니라도 적어도 무력화시켰다. 따라서 어떤 미래의 전쟁도 이성적인 정치 지도자라면 벌이려고 생각도 하지 않을 만큼 막대한 생명과 재산이 걸려 있다. 문제는 그 합리성이란 것이 적어도 지도자의 관점에서는 유럽, 미국, 일본 이외에는 존재하지 않는다는 것이다. 사담 후세인은 10년도 안 되는 기간 동안에 인근 국가를 두 번이나 침공했으며, 그의 통치 기간 동안 세 번이나 전쟁을 벌였다. 그가 처음 벌인 대이란 전쟁으로 인해 이라크 사람들이 약 25만 명 사망했으며 이란인은 50만 명이 죽었다. 한편 사담 후세인은 자국민을 상대로 한 전쟁에서 10만 명 이상을 살해했다. 역사적인 관점에서 보면 세계화는 인간사를 위한 규범이 아니다.

3. 경제학

세계경제는 성장의 기준선을 선진국은 2.5%, 중국과 인도를 포함한 개도국은 4.5%(현재와 같은 중국과 인도의 성장 궤도를 대체로 줄잡아서 말한 숫자)로 잡는다면 GDP 규모는 2030년까지는 배증해 35조 달러가 72조 달러에 달할 것으로 보인다. 세계 무역고는 3배 증가해 27조 달러에 달할 것이다.

이런 예측을 감안할 때 극빈자 인구는 11억 명에서 5억 5,000만 명으로 감소하는 한편, 하루에 2달러를 가지고 생활하는 인구는 27억 명에서 19억 명으로 줄어들 것이다. 현재 개도국 중에서 인구가 1억 명이 넘는 국가로서 GDP가 적어도 1,000억 달러인 국가는 중국, 러시아, 인도, 인도네시아, 브라질, 멕시코 등 6개국이다. 2030년대에는 방글라데시, 나이지리아, 파키스탄, 필리핀, 베트남이 이 그룹에 합류할 것이다. 따라서 개도국만 놓고 보면 각 지역에서 상당한 군사력 투사 능력을 보유한 군대를 건설할 만한 인구와 경제력을 지닌 국가는 11개국이 될 것이다.

더 많은 젊은이들이 노동력 인구에 합류하기 때문에 개도국은 매년 거의 5,000만 개의 일자리를 창출하면서 고용을 증대시켜야 할 것이다. 중국과 인도만 해도 매년 노동력인구에 합류하는 수와 보조를 맞추기 위해 연간 800만 개 또는 1,000만 개의 일자리를 창출할 필요가 있다. 그만한 정도의 고용을 제공하기에 충분할 정도로 경제가 성장하려면 국제적인 긴장상태를 완화시키고 청년층 팽창에 태생적인 고질적인 문제를 줄여야 할 것이다. 빈곤이 혁명운동과 전쟁을 유발할 추진력이 되는 일은 드물었지만 기대치 상승은 그렇게 되는 경우가 가끔 있었다. 그리고 언론보도와 영화가 전 지구를 뒤덮은 세상에서 기대치 상승은 아무리 개별 국가경제가 잘나간다 할지라도 점점 더 정치, 전쟁, 평화의 추진력이 될 것이다.

이와는 대조적으로 세계적인 규모로나 어느 신흥국가 내에서 경제성장이 침체되거나 역전될 경우 진짜 재앙이 닥칠 것이다. 성장하는 경제

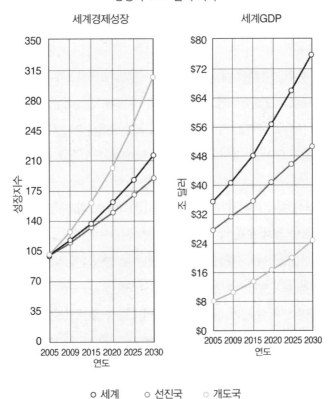

성장과 GDP 간의 괴리

세계경제성장 · 세계GDP

○ 세계　　　○ 선진국　　　○ 개도국

와 경제적 희망은 몇몇 사회적인 병과 균열을 감춘다. 예컨대 중국에서 성장세가 극적으로 둔화된다면 그 결과는 예측할 수 없으며, 이는 내부적인 난국을 초래하거나 또는 외부적으로 공격적인 행동을 유발하기 쉽다. 이런 일은 대공황이 시작된 1930년대 초 일본에서 정확하게 발생했다. 가장 낙관적인 경제 시나리오에 의하더라도 주요 낙후 지역에 10억 명이 살고 있을 것이다. 현재와 2030년대 사이 이런 지역 중에서 다수는 사하라 이남 아프리카와 중동(석유 붐 국가 제외)에 있을 것이다. 비록

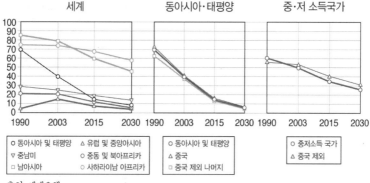

하루 2달러 미만으로 생활하는 인구의 비율(%)

| 세계 | 동아시아·태평양 | 중·저 소득국가 |

○ 동아시아 및 태평양　△ 유럽 및 중앙아시아
▽ 중남미　　　　　　○ 중동 및 북아프리카
□ 남아시아　　　　　○ 사하라이남 아프리카

○ 동아시아 및 태평양
△ 중국
□ 중국 제외 나머지

○ 중저소득 국가
△ 중국 제외

출처: 세계은행

과거 수년 동안 양 지역의 경제성장이 인상적이었지만 그만한 성장률로
는 실업을 줄이기에 충분하지 않다.

2030년대까지 경제안정과 성장이 감소하지 않고 지속된다면 실패
중인 국가와 실패한 국가를 지원하기 위한 세계의 재원이 충분할 것이
다. 즉 정치적 의지가 있다면 그럴 것이다. 파산한 경제는 통상적으로
사회가 붕괴되고 무정부주의 또는 무자비한 전제정치로 빠질 전조다.
양쪽 어느 상황도 매력적이지 않지만 미국이 그런 상황에 개입하기로
결정한다면 정치·군사 지도자들은 1993년 소말리아에 개입한 경험이
강조하는 바와 같이, 양측에서 발생할 수 있는 사상자를 감내할 의향이
있다면 직업 군대만 투입해야 함을 유념해야 한다.

미국의 세계적 군사태세의 중심 요소는 막강한 경제력이다. 이 힘은
재정적으로 생존 가능하고 전 세계와 연결된 미국 경제에 입각한다. 미
국 국력의 이러한 중심적인 특성이 약화된다면 그 결과 군의 역량은 축
소되거나 위상이 떨어질 가능성이 높다.

트렌드의 변동성

경제 추정치는 현재와 미래 양쪽 다 쉽게 논란을 빚을 추세선에 달려 있다. 예컨대 1935년에 1955년의 미래 GDP를 예측하기 위해 앞 페이지에 있는 차트를 계산하는 데 동일한 방법론을 사용한다면 그 결과는 10분의 1 크기로 달라질 것이다. 이 차트는 중심 시나리오에 해당된다. 그럼에도 경고를 발하는 것이 타당하다. 1928년에는 대부분의 경제학자들이 미국과 세계경제에 대해 훨씬 밝은 전망을 내렸을 것이다. 4년 후 그들은 훨씬 더 암울한 실태를 그렸다. 그런 현상은 경제와 아울러 인간의 다른 활동에서도 마찬가지인 변화의 속성이다. 어느 방향으로든 광범위한 변동은 단지 있을 법한 것이 아니라 가능성이 높은 것이다.

이 보고서가 인쇄소로 넘어갈 때 세계는 대공황 이래 최악의 경제위기 상태에 빠졌다. 최종 해법이 아직 가시화되지 않았지만 집필진은 세계 각국 정부가 취한 순리적 조치들(막대한 금액의 유동성 공급, 금융권의 자본 보충, 불량 자산 매입 등)로 세계적인 경제 붕괴는 발생하지 않을 것이 확실하다는 데 의견의 일치를 보았다. 하지만 중기적으로 세계적인 경기침체는 거의 확실하다. 고통스럽지만 경기침체는 자연적인 경기 순환의 일부이며, 이 보고서에서 대강을 밝힌 트렌드에 큰 영향을 미칠 것으로는 보이지 않는다.

그럼에도 현재 닥친 금융위기의 장기적인 전략적 결과는 심대할 것으로 보인다. 향후 수년 동안 새로운 금융질서가 등장할 것으로 보이는데, 이에 따라 세계경제의 기능·질서·안정을 지탱하는 규칙과 제도가 재정립될 것이다. 가까운 미래의 세계 환경을 계속해서 정의하는 하나의 새로운 슬로건이 있다 ― 상호연계성.

새로운 구조가 나타날 때까지 전략가들은 세계의 경제적인 모습이 갑자기 변화할 수 있고, 사소한 사건이라 할지라도 일련의 폭포처럼 쏟아지는 보이지 않는 결과의 원인이 될 수 있는 환경에서 일할 태세를 갖추어야 할 것이다.

4. 에너지

위에서 가정한 보수적인 성장률을 달성하려면 세계의 에너지 생산이 매년 1.3%씩 성장해야 할 것이다. 2030년대에는 수요가 현재보다 거의 50% 증가할 것이다. 그런 수요를 충족하려면 더욱 효과적인 절약 조치를 취한다고 해도 세계는 대략 매 7년마다 현재 사우디아라비아의 에너지 생산량만큼 추가해야 할 것이다.

대체에너지 자원에 상대적으로 의존하고 있는 현실에 대폭적인 변화가 없다면 석유와 석탄이 계속해서 에너지 공급을 주도할 것이다. 그런데 대체에너지 개발을 위해서는 자본투입, 기술의 극적인 변화, 핵에너지에 대한 정치적 태도 변화가 요구된다. 2030년대까지 석유 수요량은 일일 8,600만 배럴에서 1억 1,800만 배럴로 증가할 것이다. 석탄 사용이 OECD 제국에서는 감소하겠지만 개도국에서는 배 이상 증가할 것이다. 2030년대에 화석연료는 여전히 에너지 총량의 80%를 차지할 것이다. 석유와 가스는 60% 이상을 구성할 것이다. 다가오는 10년 동안 핵심적인 문제는 석유 매장량 부족이 아니라 오히려 시추 플랫폼, 엔지니어, 정제 능력의 부족이다. 현재 그런 부족사태를 보충하기 위한 공동의 노력이 시작되었지만 생산이 예상된 수요를 따라잡으려면 10년은 걸릴 것이다. 여기서 핵심적 결정 요인은 점증하는 에너지 위기가 가져올 위험한 취약사태를 시정하는 데 미국과 여타 국가들이 얼마나 적극적으로 참여할 것이냐.

생산의 병목 현상은 차치하고라도 미래 에너지 공급의 잠재적인 공급원은 거의 모두 다음과 같이 그 자체의 난점과 취약점을 가지고 있다.

- 비OPEC 석유 새로운 공급원(카스피 해, 브라질, 콜롬비아, 새로운 알래스카와 대륙붕의 일부)은 향후 4반세기에 걸쳐 기존 유전의 생산 감소를 상쇄할 수 있을 것이다. 그러나 현재 제외된 지역의 시추 없이는 공급능력에 별로 보탬이 되지 못할 것이다.
- 유사 및 혈암 이런 원천으로부터의 생산은 일일 100만 배럴에서 400만 배럴까지 증가할 수 있지만 현재 캐나다에서 역청사로부터 추출한 석유의 수입을 금지하는 미국의 법률과 같은 법적 제약 때문에 투자가 제대로 이루어지지 않고 있다.
- 천연가스 이 에너지원으로부터의 생산은 일일 200만 배럴에 상당하는 양으로 증가할 수 있으며 그 절반은 OPEC 국가로부터 공급된다.
- 바이오연료 생산은 일일 300만 배럴에 상당하는 수준까지 증가할 수 있지만 소규모 기준에서 출발한 바이오연료는 2030년대까지 세계 에너지 수요의 1% 이상을 공급할 수 없을 것으로 보인다. 게다가 그 정도의 미미한 공급을 실현해도 세계의

인구는 증가하는데 그만큼 식량 공급을 줄임으로써 이미 많은 안보 문제에 다른 문제를 추가시키게 될 것이다.

- 재생에너지 풍력과 태양열은 합쳐서 2030년까지 에너지 수요의 1% 이상을 차지하지 못할 것이다. 이는 공급이 3배 이상 증가된다는 것을 가정하며, 이를 위해서는 막대한 투자가 필요하다.

- 핵에너지 핵에너지는 1970년대 이래 안전문제에 상당한 진전을 이루었음을 고려할 때 더욱 유망한 기술 가능성 중 하나다. 특히 핵에너지는 석탄 연료 사용 발전소를 대체하는 데 큰 역할을 할 수 있으며, 값싼 전기의 공급을 늘려 전동 수송을 권장할 수 있다. 그럼에도 핵발전소 확장은 일반의 공포 때문에 상당한 반대에 직면하고 있다. 한편 핵폐기물 처리 문제는 여전히 정치적인 뜨거운 감자로 남아 있다. 더욱이 핵발전소를 크게 늘리려면 수십 년이 걸릴 것이다.

- OPEC OPEC는 세계적인 수요 증가를 충족시키기 위해 생산량을 일일 3,000만 배럴에서 적어도 5,000만 배럴로 늘려야 한다. 아마도 사우디아라비아를 제외하고는 어떤 OPEC 국가도 그런 증가를 달성하기 위해 신기술과 회수 방법에 충분한 자금을 투자하지 않는다는 사실이 매우 중요하다. 베네수엘라, 러시아와 같은 일부 국가는 석유 가격 폭등에 따른 행운을 현금화하기 위해 유전을 실질적으로 고갈시키고 있다.

위에서 제시한 어떤 대체에너지를 보더라도 낙관할 수 없는 처지다.

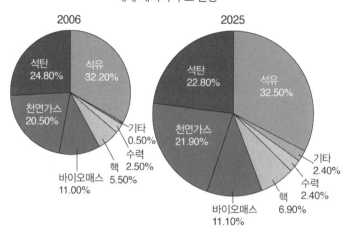

세계 에너지 수요 전망

2006

석탄
24.80%
석유
32.20%
천연가스
20.50%
기타
0.50%
수력
2.50%
핵
5.50%
바이오매스
11.00%

2025

석탄
22.80%
석유
32.50%
천연가스
21.90%
기타
2.40%
수력
2.40%
핵
6.90%
바이오매스
11.10%

출처: Energy Information Agency.

현재 미국에는 차량이 약 2억 5,000만 대 있으며 인구가 엄청나게 더 많은 중국은 4,000만 대의 차량을 보유하고 있다. 중국은 매년 1,000킬로미터에 달하는 4차선 고속도로를 건설하고 있다. 이 수치를 통해 얼마나 많은 자동차를 보유하게 될지 예상할 수 있는데, 이에 따라 석유 수요도 상승하게 되어 있다. 수단에 있는 송유관을 지키기 위해 중국의 '민간인'이 주재하고 있다는 사실은 중국이 석유 공급을 보호하기 위해 관심을 기울이고 있음을 강조하는 것이며, 다른 국가가 희소 자원을 보호하기 위해 아프리카에 개입하는 미래를 미리 보여준다.

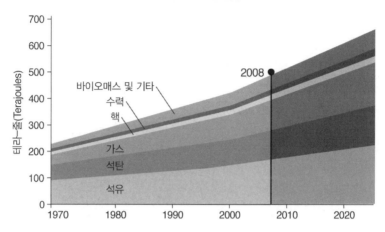

세계 에너지 자원 전망

출처: OECD/IEA World Energy Outlook.

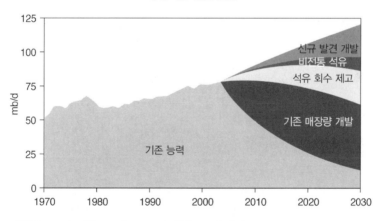

세계 석유 생산 전망

출처: International Energy Agency - World Energy Outlook, p. 103

세계가 석유에 의존하고 있지만 기존 능력과 기존 매장량 개발로는 수요를 댈 수 없다. 미래의 예상되는 수요를 충족시키기 위해서는 석유 회수 기술 향상, 석유혈암 등의 비전통적 석유 매장량 및 대규모 신규 유전 발견에 막대한 투자를 해야 한다.

요약

2030년대까지 전 세계의 소요 에너지를 생산하려면 그때까지 매년 일일 140만 배럴을 추가 공급하는 방안을 찾아야 할 것이다.

향후 20년 동안 석탄, 석유, 천연가스는 에너지 수요를 충족하기 위해 여전히 필수 불가결할 것이다. 과거 20년 동안 신규 유전과 가스전 발견(브라질은 예외) 실적을 보면 미래의 노력이 대규모 신규 유전을 발견하리라고 낙관할 만한 이유가 별로 없다.

현재 석유 생산에 대한 투자는 증가하기 시작하고 있는데, 그 결과 생산은 일정 수준을 유지할 수 있을 것이다. 2030년까지 세계는 일일 생산량이 1억 1,800만 배럴에 달해야 하는데, 현재의 투자와 시추 능력에 큰 변화가 없다면 실제 생산은 1억 배럴에 불과할 것이다.

2012년까지 석유 생산 과잉 능력은 완전히 사라질 수 있으며, 2015년경에는 생산 부족량이 일일 1,000만 배럴에 달할 수 있다.

미미한 경제성장도 어렵게 만드는 에너지 부족 재앙을 회피하기 위해서는 선진국이 석유 생산에 대한 투자를 대폭 증가할 필요가 있다. 하지만 그와 같은 투자를 고려하는 경향이 별로 나타나지 않고 있다. 석유가격이 상승하고는 있지만 시장의 힘은 냉혹하게 인센티브를 만들어낼 것이다. 그러나 현재와 같이 이 분야에 대한 투자 부족 사태는 탐사와 생산을 크게 증가시키는 데 필요한 기반시설(석유굴착장치, 시추 플랫폼 등)이 대폭 부족한 상황을 초래했다.

세계 석유 무역의 병목 지점

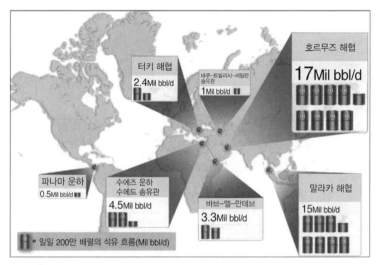

출처: U.S. Department of Energy/Energy Information Administtration.

OPEC 국가들은 여전히 강대국의 관심의 초점이 될 것이다. 이 국가들은 한정된 공급량을 보존하고 높은 가격을 유지하기 위해 원래 생산 증가를 억제하는 데 관심을 갖고 있다. 소비국 중 한 나라가 군사 개입을 하기로 한다면 북아프리카에서 동남아에 이르는 '불안정 지대'가 쉽사리 '혼란 지대'가 되어 수개국의 군대가 개입하게 될 것이다.

OPEC 국가들은 지속적으로 상승하는 석유가격으로 인해 발생할 현금 유입액을 많이 투자하기는 어려울 것이다. 그들은 국부 펀드 — 자국의 정치적·전략적 난제를 안고 있는 투자 — 를 통해 세계적으로 그런 자산의 상당한 몫을 투자하겠지만, 그들의 군사적 취약점에 대한 자체 평가와 함께 과거 기록을 추적해보면 군비를 증강시킬 가능성이 나타난다. 정밀무기의 값은 내려가고 그 확보가능성은 높아짐으로써 통합군사령관들은 소국이지만 에너지가 풍부한 적대국이 첨단기술 역량을 가진 군대를 보유하는 환경에서 활동할 것이다. 이런 무기 중에는 첨단 사이버·로봇·대우주(anti-space) 시스템이 포함될 수 있다.

끝으로 현재와 같이 급진 이슬람교를 부추기는 세력이 사라지지 않을 것이라고 가정할 때 OPEC의 급증한 오일 머니의 일부가 테러리스트의 금고로 들어가거나 격렬한 반현대·반서방 목표를 가진 운동단체의 수중에 들어간다고 보아도 무방하다. 이런 운동단체는 많은 실업상태의 젊은이들을 좌지우지하는데, 이런 젊은이들은 자신들이 적이라고 인식하는 목표를 열성적으로 공격한다.

향후 발생할 분쟁에 대한 함의는 불길하다. 주요 선진국과 개도국이 생산과 정제 능력을 대폭 확장하지 않으면 심각한 에너지 부족 사태는 피할 수 없다. 그런 부족 사태로 어떠한 경제적·정치적·전략적 효과가 발생할 것인지는 정확하게 예측하기 어렵지만 개도국과 선진국의 경제성장에 악영향을 끼칠 것은 분명하다. 그런 경제 침체는 다른 미해결 긴장관계를 더욱 악화시킬 것이며, 취약하고 실패하는 국가를 붕괴의 길로 내몰고, 어쩌면 중국과 인도에 심각한 경제적 충격을 줄 것이다. 적어도 가혹한 경제 조정기를 초래할 것이다. 보존 조치, 대체에너지 생산에 대한 투자, 역청사와 혈암으로부터 석유 생산을 확장하기 위한 노력 등을 어느 정도까지 해야 조정기를 완화할 수 것인지 예측하기는 어렵다. 대공황으로 말미암아 무자비한 정복에 의해 자국의 경제적 번영을 추구한 몹쓸 전체주의 정권이 탄생했으며, 일본은 에너지 공급을 확보하기 위해 1941년 전쟁을 일으켰음을 우리는 상기해야 한다.

에너지 부족 사태로 인해 발생할 수 있는 다른 잠재적인 효과는 미국의 경기침체 연장으로 인한 국방예산의 대폭적인 삭감이다(대공황 기간 동안 발생했던 것처럼). 그렇게 되면 통합군사령관들은 점점 더 위험한 임무를 수행해야 할 때에도 역량이 축소될 것이다. 그런 일이 발생할 경우 적과의 전투 준비 이상의 적응력이 요구되며, 미군의 한계를 인식하고 인정할 용의가 필요할 것이다. 동맹국과 미국이 자원 및 능력을 공유하는 것이 훨씬 더 중요하게 될 것이다. 연합작전은 국익을 보호하는 데 필수적일 것이다.

5. 식량

식량 수요는 두 개의 주요 요인이 작용해 증가한다. 즉 전 세계 인구 증가와 식단의 선호를 확대시키는 번영 때문이다. 현재도 식량부족 사태가 발생하는데, 이런 일은 자연적인 원인보다는 정치적 원인으로 인한 것으로 보인다. 몇 가지 완화 추세는 식량의 대규모 부족 사태가 발생할 가능성을 감소시켜준다.

우선 세계 인구 증가의 둔화 현상은 식량의 전체 수요를 줄일 것이며, 그에 따라 농업을 확장하고 강화시켜야 된다는 압력이 완화될 것이다. 한편 소득수준이 급격하게 상승하는 국가의 동물성 단백질 소비 증가로 세계 식량 공급에 상당한 압력을 가해지고 있다. 왜냐하면 가축 사육에는 생산되는 칼로리보다 훨씬 더 많은 칼로리 투입이 필요하기 때문이다. 유전자 변형 식품에 대한 반대는 사라지고 있다. 그 결과 세계수요를 충족할 수 있는 농작물과 단백질 생산을 확대할 수 있는 새로운 '녹색 혁명'이 발생할 확률이 상당하다. 식량 공급에 압박을 받는 국가들은 인구증가율이 지속적으로 높으며 경작면적이 부족하다. 대부분의 경우 이런 현상은 사막화와 강우량 부족으로 악화된다.

세계적으로는 식량 공급이 충분하지만 지역에 따라서는 부족할 것인바, 진짜 문제는 식량의 유통에서 비롯될 것이다. 또한 천연재해가 발생해 일시적인 식량부족 사태가 발생했을 때 세계가 얼마나 신속하게 대응할 수 있을 것인가도 문제다. 그런 경우 통합군이 개입해 수송과 물류를 제공하고 때에 따라서는 구조작전 담당 인력을 보호할 것이다.

천연질병 역시 세계 식량 공급에 영향을 미칠 것이다. 아일랜드의 감자 잎마름병은 예외적인 역사적 사건이 아니다. 1954년까지만 해도 미국 소맥 생산의 40%는 깜부기병 때문에 감소했다. 이 병의 새로운 변종(Ug99)이 아프리카 전역과 어쩌면 파키스탄까지 미칠 것이라는 보도가 있다. 감자와 옥수수 같은 기초 식량 작물을 위협하는 잎마름병은 생존 수준에 인접한 국가들을 약체화시키는 효과를 나타낼 것이다. 과거 식량위기는 기근, 대내외적인 분쟁, 정부의 붕괴, 이주, 사회적 붕괴, 사회 무질서를 유발했다. 그런 경우 위기 지대에서 위험한 무장세력이 출현할지도 모르며 이는 구조 활동을 전개하는 통합군의 임무를 훨씬 더 어렵게 할 것이다. 기아선상의 사회에서 식량은 탄약만큼 중요한 무기다.

어선단을 가진 국가의 번영에는 어족 자원 확보가 중요하다. 이런 자원 확보를 위한 경쟁은 종종 해상 분쟁을 초래하기도 한다. 분쟁은 영국과 아이슬란드 간 대구전쟁(1975), 캐나다와 스페인 간 가자미전쟁(1995)을 발생시켰다. 1996년 한국과 일본은 동해에서 어업권을 확장하고자

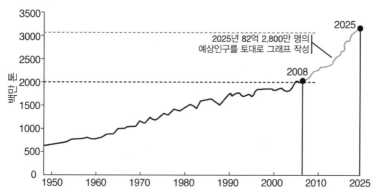

세계 곡물 수요 전망

2025년 82억 2,800만 명의
예상인구를 토대로 그래프 작성

2008

2025

주: 개도국의 곡물 수요 증가로 상당한 증산이 요구될 것이다 — 아니면 역사적인 추세에 따
라 수요를 감소시킬 가격 상승이 요구될 것이다.
출처: USDA; www.ciesin.columbia.edu.

독도를 놓고 해상 교착상태에 빠졌다. 이런 분쟁에서 군함과 연안경비선
이 출동, 선박을 들이받고 올라탔으며, 관련국 해군 간에는 정면대결을
했다. 어류의 남획과 고갈 및 잔존 어족자원을 놓고 벌이는 경쟁 때문에
장차 심각한 대결 상태가 발생할 가능성이 있다.

6. 물

2030년대가 가까워지면서 농업은 전 세계적으로 물을 가장 많이 필
요로 해 총 물 사용량의 70%를 차지할 것이다. 이에 비해 공업은 물을
20%만 사용할 것이며, 가정용 사용량은 여전히 10%에 머물 것이다. 단
위당 수확량을 보면 선진국은 개도국보다 농업 관개용 물을 훨씬 효율
적으로 활용해 평균인 70%보다 훨씬 적게 사용한다. 농업기술 향상으
로 관개농토를 추가로 확대하고 물 사용 단위당 산출을 증대시킬 수 있

을 것이다.

간단히 말해 세계적 관점에서 보면 향후 25년 동안 물은 세계 인구가 쓰고도 남아야 맞다. 하지만 지역에 따라서는 이야기가 상당히 다르다. 중동과 북아프리카는 관개용으로 이용가능한 물의 세계평균 사용량인 70%보다 훨씬 더 많이 사용한다. 2030년대가 되면 적어도 30개 개도국에서는 관개용 물을 더 많이 사용할 것이다.

최근 많은 지역에서 빗물 공급을 점점 더 신뢰할 수 없게 되자 농부들은 할 수 없이 지하수로 전환하고 있다. 그 결과 대수층 레벨은 매년 1미터 내지 3미터 비율로 하강하고 있다. 그러한 하강이 농업생산에 심대한 영향을 미치는 이유는 대수층은 한 번 고갈되면 수세기가 걸려도 다시 채울 수 없기 때문이다.

> **4반세기 내에 약 30억 명의 인구가 물 부족으로 타격을 받을 것이다.**

물 때문에 전쟁이 일어날 수 있다는 전망을 낮게 볼 수 없다. 1967년 요르단과 시리아가 요르단 강에 댐을 쌓으려고 한 일은 이스라엘과 인근국 사이에 6일 전쟁이 발발한 한 원인이 되었다. 오늘날에는 메소포타미아 평야의 수자원인 유프라테스 강과 티크리스 강 상류에 터키가 댐을 건설해 시리아와 이라크에 유사한 문제를 야기하고 있다. 터키가 동부 산악지대의 관개용으로 물줄기를 틀자 하류의 물이 줄어든 것이다. 비록 지역적인 문제이지만 물 부족 사태는 전 지역의 안정을 해치기 쉽다. 수단의 다르푸르 지역에서 지속되고 있고 이제 차드로 확산되고 있는 위기는 현재와 2030년대 사이에 대규모로 발생할 수 있는 위기의 한 사례다. 실제로 물 부족으로 인한 위기 발생 가능성이 가장 높은 곳

2025년의 물 부족 전망

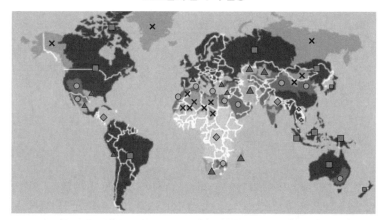

■ 거의 또는 전혀 물 부족하지 않음   ✕ 추정하지 않음   ▲ 물리적 물 부족 접근

● 물리적 물 부족   ◆ 경제적 물 부족

- 물리적 부족: 물리적 물 공급은 제한적임. 또는 물을 과도하게 사용하고 과도하게 관리해 심각한 하류 물 부족 상황 초래.
- 경제적 부족: 인구가 충분한 물 공급을 확보하기 위한 충분한 재정적 또는 정치적 수단을 갖지 못함.

출처: 국제물관리연구소(International Water Management Institute)

은 정확하게 다른 잠재적 분쟁 단층선과 일치한다.

미국이 그런 분쟁에 휘말리게 될지 여부는 불확실하지만 확실한 것은 미래의 통합군사령관들은 풍토적 물 분쟁을 목도하게 될 것이라는 점이다. 그런 물 부족은 다양한 인종, 종족 또는 정치 집단 사이에 분쟁을 촉발하거나 근본적 원인이 될 것이다. 파국적인 물 부족 위기에 개입하도록 명령을 받으면 사령관들은 사회 네트워크와 정부 기능이 붕괴되거나 무력화된 혼란에 직면하게 될 것이다. 무정부 상태에서는 무장집단이 나머지 물을 통제하거나 또는 싸움을 벌이는 한편 비위생적인 환경 속에 질병의 망령이 도사리고 앉아 언제 터질지 모를 것이다.

그런 상황은 더 큰 문제를 하나 명시한 것에 불과하다. 물 부족 사태의 여러 가지 문제 너머에는 수질 오염과 연관된 문제들이 있다. 그런 문제는 중국에서와 같이 통제 불능의 산업화나 대도시와 세계의 빈민가에서 배출한 쓰레기 때문에 발생할 것이다. 엄청난 양의 쓰레기를 강과 바다에 쏟아버림으로써 생태계는 말할 나위도 없고 인류의 건강과 복지까지 위협하고 있다. 통합군이 직접 나서서 오염문제를 시정할 수는 없는 노릇이지만 오염된 도시지역에서 작전을 수행하면 상당한 질병의 위험을 안게 될 것이다. 실제로 새로운 치명적인 병원체가 나타날 가능성이 매우 높은 곳은 정확하게 그런 지역이다. 그렇기 때문에 사령관들은 만성적인 수질오염 처리를 회피할 수 없을 것이다.

7. 기후변화와 자연재해

지구 온난화와 그로 인해 발생한 자연재해와 해수면 상승 등 여타 유해 현상의 충격은 국가적·국제적 우려사항으로 부각되었으며 논란거리도 되었다. 폭풍과 자연재해 발생이 더 많아지고 그 위력이 커질 것이라고 주장하는 사람들이 있는가 하면 발생 빈도가 줄어들 것이라고 예측하는 사람들도 있다.[3] 세계 온난화의 원인과 잠재적인 결과에 관한 과학적인 결론은 많은 점에서 모순을 안고 있다. 그 기원이 어떻든지 간에 쓰나미, 태풍, 허리케인, 토네이도, 기타 자연 재앙은 통합군사령관들의

---

3 Kerry Emanuel, Ragoth Sundararajan, and John Williams, "Hurricanes and Global Warming," *Bulletin American Meteorological Society*, March 2008, pp. 347~367.

관심사항이며 앞으로도 그럴 것이다. 특히 자연재해가 산지사방으로 팽창된 도시에서 발생할 때 흩어져 있는 주민들이 겪게 될 광범위한 참상은 허약국가의 중추를 파괴하는 최후의 일격이 될 수 있다. 과거와 마찬가지로 2030년대에도 자연재해 희생자들을 구제하는 미군의 능력은 전 세계에 미국의 이미지를 제고시킬 것이다. 예를 들어 2006년 12월 태평양 쓰나미 재앙 발생 때 미국과 협력국 군대의 구조 활동 전개로 미국에 대한 많은 인도네시아인들의 기존 인식이 확 바뀌었다. 통합군이 수행한 임무 가운데 그렇게 적은 비용으로 미국 국익에 그만큼 많은 이득을 가져다준 경우는 아마도 없을 것이다.

8. 대유행병

공중을 괴롭히는 공포 중 하나는 14세기 중반 중동과 유럽에서 '흑사병'이 일으켰던 것과 같이 인공적이든 또는 자연적이든 간에 인류를 파멸로 몰고 갈 수 있는 병원체의 등장이다. 1년도 채 되지 않아 유럽인구의 약 3분의 1이 죽어갔다. 대유행병이 사회, 종교, 경제에 미친 2차, 3차 효과는 엄청났다. 결과적으로 흑사병은 중세 유럽 문명을 받쳐주는 기둥뿌리를 뽑았다.

향후 20년 동안은 대유행병이 이런 규모로 몰아쳐 인류를 황폐화시키지는 않을 것이다. 설령 인구가 현재보다 훨씬 많고 집중되어 새로운 병원체가 확산될 기회가 증가한다 할지라도 인류가 미생물의 세계에 대한 지식을 더 많이 갖고 검역, 신속한 대응, 의료 등의 능력을 갖춘 풍요로운 세상에서 살고 있다는 사실은 당국이 가장 위험한 병원체조차도 통제할 수 있음을 의미한다. 대유행병에 대응하는 데 가장 중요한 요소는 검역을 실시하고자 하는 정치적 의지다.

2003년에 유행한 중증급성호흡기증후군(SARS)이 신속하게 사라짐으로써 현재의 의료 능력으로 대부분의 유행성이 강한 위협을 성공적으로 처리할 수 있다는 희망을 가지게 되었다. 2003년 2월 변종 호흡기 질환의 발병이 최초로 보고되고 나서 5개월 동안 의료 당국은 30개국에서 8,000건 이상의 사례를 보고했다. 질병 자체는 전염성이 강하고 생명에 위협적이었다. 보고된 사례 중 10%가 사망했다. 하지만 의사가 질병을 발견하면 현지, 국가, 국제 당국의 협력으로 전염을 억제했다. 2003년 3월과 4월 신규 보고 사례가 급증했으며 5월 초 절정에 달한 후 급속히 줄어들었다.

SARS 사례를 보면 세계적인 대유행병의 위험이 일부 사람들이 두려워하는 것만큼 대단하지는 않았다. 그렇다고 해서 위험이 존재하지 않는다는 뜻은 아니다. 전 세계적으로 수백만 명의 생명을 앗아간 1918년의 인플루엔자 대유행이 반복된다면 이는 미국과 세계에 정치적·사회적으로 가장 심각한 결과를 가져올 것이다. 세계적으로 유행할 수 있는 어느 질병이 자연적으로 출현함으로써 제기되는 위험은 매우 심각하지만 테러조직이 위험한 병원체를 획득할 가능성도 존재한다.

치명적인 병원체, 특히 치명성이나 병독성을 높이기 위해 유전자를 조작한 병원체를 의도적으로 풀어놓는다면 SARS와 같이 자연적으로 발생하는 질병보다 더 큰 문제를 안겨줄 것이다. 자연발생 병원체는 출처가 단일하겠지만 테러리스트들은 수개의 다른 장소에서 병원체를 뿌리려 하고 신속하게 전파를 시도할 것이다. 이런 상황은 질병을 통제하는 의료 문제와 발병의 책임을 규명하는 보안업무를 몹시 복잡하게 만들 것이다.

위험성과 확산범위가 1918년에 발생한 것과 같은 대유행병이 다시 발생할 경우 통합군에 대한 함의는 심대할 것이다. 미국과 세계의 의료진은 곧 이런 상황에 압도당하고 말 것이다. 유행병이 미국에까지 퍼진다면 통합군은 법적인 전제조건이 충족될 때 경찰 지원과 질서유지를 넘어 구조작전을 수행해야 할 것이다. 현재 이 경우에 해당하는 것은 대유행 인플루엔자 대응국가전략(National Strategy for Pandemic Influenza)이다. 통합군사령관은 다수의 업무를 감당해야 하지만 부대원들의 건강을 지키고 대중의 공황과 혼란으로부터 의료진과 시설을 보호할 철저한 조치를 취해야 할 것이다. 투키디데스는 전 세계 유행병이 아테네에 미친 영향을 묘사하는 글에서 도덕적·정치적·심리적 위험을 다음과 같이 짚어냈다. "재앙이 너무나 엄청나서 사람들은 다음에 무슨 일이 닥칠지를 몰라 종교나 법의 모든 규칙에 무덤덤해졌다."[4]

9. 사이버

과학과 기술 분야에서 가장 중요한 트렌드는 아마 지속적인 정보·통신 혁명과 그 함의일 것이다. 비록 많은 전문가들은 정보가 '전시의 불확실성과 마찰'을 제거할 수 있는 능력을 가졌다고 치켜세우지만 그런 주장은 현실의 바위에 부딪쳐 무너지고 만다.

2030년대에 정보기술을 이해하는 열쇠는 기술변화의 속도가 거의 기하급수적으로 가속도를 낸다는 사실이다. 대부분의 개인은 변화를 직

---

4 Thucydides, *History of the Peloponnesian War*, p. 155.

선형으로 보는 경향이 있기 때문에 단기적으로는 기술로 달성할 수 있는 능력을 과대평가하는 경향이 있는 반면, 장기적으로는 과학과 기술 발전의 힘을 극적으로 과소평가하고 깎아내린다.

- iPod은 현재 160기가바이트의 데이터 또는 16만 권의 책을 담을 수 있다. 2020년의 iPod은 잠재적으로 16테라바이트의 정보를 담을 수 있는데, 이는 본질적으로 미국 의회도서관 전체가 소장한 정보의 양이다.
- 가정(또는 군부 네트워크)에 대한 연결성은 매년 50%씩 증가할 것이다. 따라서 2030년까지는 사람들이 현재보다 10만 배가량 더 많은 대역을 가질 것이다.
- 평균적인 가정이 이용할 수 있는 컴퓨팅 파워는 오늘날의 컴퓨터보다 속도가 100만 배 빠를 것이다(2.5페타바이트 대 2.5기가바이트). 전형적인 가정용 컴퓨터는 128초 만에 ─ 단지 2분을 약간 초과하는 시간에 ─ 현재의 미국 의회도서관이 소장한 자료를 전부 다운로드받을 수 있을 것이다. 1900년에는 전신의 기술적 용량이 초당 2비트로 대륙을 횡단했는데, 이는 동일한 의회도서관 자료를 전송하는 데 3,900년이 걸려야 함을 의미하는 것이었다.

기술진보 속도가 현실화되면 향후 20년 간 20세기 전체에서 발생했던 변화보다 더 큰 변화가 일어날 것이다. 1900년의 눈으로 2000년을

컴퓨팅의 지수적 증가

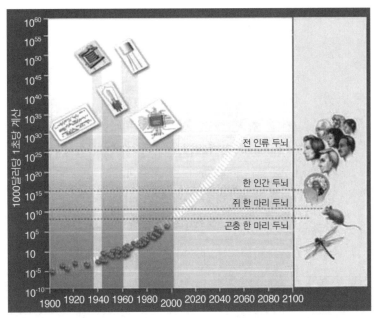

출처: Ray Kurzweil.

바라보았을 때 미지의 세계로 보인 것과 같이 많은 면에서 2030년의 세계는 별천지로 보일 것이다. 통신과 정보 기술의 발달은 통합군의 능력을 대폭 발전시킬 것이다. 그렇지만 미국의 적들도 동일한 첨단기술을 획득할 수 있으며 이를 이용해 통신과 정보의 흐름을 공격하고 붕괴시키며 혼란에 빠뜨리게 할 수 있을 것이다. 실제로 우리의 적들은 가끔 컴퓨터 네트워크와 정보기술의 힘을 이용해 미국과 미국의 의사결정권자들 및 미국 국민의 지각과 의지에 직접 영향을 미칠 뿐만 아니라 야만적인 테러활동을 계획하고 실행한다. 또한 통합군은 '지나치게 네트워크에 의존함으로써 아킬레스건을 만들지 않도록 적대적 정보 환경하에서도 기능을 발휘할 수 있는 능력을 필수적으로 갖춰야 한다.

10. 우주 공간

2007년 중국은 우주에 있는 위성을 파괴하는 데 요격 미사일을 사용했다. 그런 단일의 행동을 통해 중국은 우주가 잠재적인 분쟁 무대이며 그런 환경에서 전투할 수 있는 능력을 보유하는 것을 목표로 하고 있다는 자신들의 생각을 분명하게 나타냈다. 값이 비싸지 않은 정밀무기가 풍부해지면서 기술진보와 부의 증가로 점점 더 많은 행위자들이 우주에서 군사작전을 수행할 수 있는 능력을 손에 넣게 될 것이다.

과거 수십 년 동안 미국은 대기권 밖의 어두운 영역에서 아무런 도전을 받지 않고 지배를 향유했다. 하지만 발사 능력과 위성 능력 확산은 위성공격용 미사일 개발과 더불어 활동무대를 평준화하기 시작했다. 다른 국가들이 상업용과 국방용으로 우주의 편익을 이용하고 있으며 미국은 이미 우주사용을 놓고 치열한 경쟁에 직면해 있다. 이런 현상은 앞으로 수십 년 동안 점점 더 격화될 것이다. 그 함의는 분명하다. 즉 통합군은 군의 수많은 역량을 떠받치는 우주기반 시스템을 방어하는 입장에 처하게 될 것이다. 아울러 통합군은 불가피한 공격을 예상해야 하며 공격으로 시스템이 타격을 받을 때 효과적인 작전 방안이 무엇인지 파악해야 한다.

11. 결론

위에서는 향후 25년 동안 안보환경에 영향을 미칠 트렌드의 대강을 기술했다. 개별 트렌드는 예측대로 되든지 않든지 간에 여러 가지 방식으로 결합해 통합군이 장차 작전을 하게 될 세계를 정의하는 좀 더 광범위하고 확실한 정황을 형성하게 될 것이다. 여러 트렌드와 그 결과 나타날 정황을 이해함으로써 통합군 지도자들은 그 함의를 판단하고 사태 진전을 파악하기 위해 핵심적인 지표를 확인하는 방안을 갖게 될 것이다. 이는 우리의 가정과 예측을 평가하고 미래에 대비하기 위해 통합군의 증강과 운용의 진전을 평가하는 수단을 제공한다. 다음 장에서는 2030년대의 세계 정황을 논의하고자 한다.

제 3 장 ● ● ●

세계의 정황

분쟁과 전쟁의 정황은 주요 트렌드가 합류해 만들어진 환경이다. 정
황은 전쟁이 어째서 일어났으며, 어떻게 전개될 것인지를 밝혀준다.[1]

—콜린 그레이

1. 전통적 강대국 간 경쟁과 협력

향후 25년 동안 통합군의 입장에서 보면 전통적인 강대국 간의 경쟁
과 분쟁이 일차적인 전략 및 작전 정황이 될 것이다. 이 보고서에서 '전
통적 강대국'이란 인정된 규범과 법전, 즉 전통적 규칙에 의해 통치되고
이에 따라 행동하는 조직이다. 그런 조직은 정치(국가), 금융, 사법, 기업
및 경제, 학술 등과 관련된 조직이다. 전통적 규칙에는 제네바협약, 무

[1] Colin Gray, "Sovereignty of Context", *Strategic Studies Institute* (2006).

력충돌법, 유엔결의안, 국내법과 국제법, 국제무역협정, 외교동맹, 통화 및 금융 협약 등이 있다. 전통적 강대국들은 적법한 행위자로서 광범위 하게 인정되는 그룹이며, 광범위하게 인정되는 규칙에 따라 행동하는 그룹이다.

국가는 계속해서 가장 강력한 전통적 조직이 될 것이다. 국가 시대의 종말이 다가오고 있다는 말이 인기를 끌게 되었다. 실제로 유사 이래 거의 모든 문화에서 국가는 이런저런 형태로 인간사 대부분의 질서였다. 소말리아, 시에라리온, 아프간, 이라크 같은 국가에서 국가 기능이 상당 기간 제대로 발휘되지 않아 일어난 혼란상은 제대로 작동하는 국가가 얼마나 유용한지를 보여주는 증거다.

그렇다고 해서 국가가 문화와 문화에 따라, 지역과 지역에 따라 다르지 않다고 말하는 것은 아니다. 아울러 국가가 정치, 지리, 이주, 경제 등 여러 요인의 영향에 따라 변화할 것이라는 데는 의심할 여지가 없다. 그러나 국가가 국제환경의 변화하는 여건에 따라 돌변하고 이에 적응하더라도 국가는 권력이 조직되고 시민이 요구하는 대내외 안보를 제공하는 중앙집권화된 메커니즘으로서 생존을 지속할 것이다. 세계화의 일부 측면 그리고 이와 관련된 비정부 권력의 발흥으로 국가가 기존의 지위를 보존하려는 노력에 어려움이 가중되겠지만 국가는 2030년대까지 주요한 권력 브로커로서 역할을 지속할 것이다.

향후 25년 동안 국가 간 상대적인 힘의 균형이 이동할 것인데, 어떤 나라는 미국보다 성장이 빠를 것이며 많은 나라가 미국에 비해 상대적으로 약화될 것이다. 국가의 성장에 영향을 미치는 변수는 전쟁에서부터 정치지도자의 효과성, 경제현실, 이념적 편견, 민족 및 종교 세력에 이르기까지 다양하다. 이 모두가 미래의 사건 전개과정에 어느 정도 영향을 미친다. 그러한 현실을 인식할 때 현재의 트렌드는 유일한 초강대국으로서 미국의 시대가 종말이 오고 있음을 암시한다. 다음 페이지의 도표는 2008년과 2030년 사이 각국의 잠재 성장을 나타내고 있는데, 이는 새로운 국제무대의 성격에 대해 많은 것을 시사한다.

중국의 부상은 냉전 붕괴 이후 국제적인 지평에 나타난 가장 중대한 단일 사건이라고 말할 수 있는데, 그것이 유일한 이야기는 아니다. 중국이 향후 수십 년 동안 성장을 뒷받침할 에너지를 충분히 확보한다면 급속하지는 않더라도 꾸준한 경제성장으로 세계의 많은 국가의 규범이 될 것으로 보인다. 러시아와 인도는 양국 모두 더 부유해질 것이다. 그러나 러시아의 국력은 불리한 인구변동 추세, 단일 품목(석유) 경제, 무너져 내리는 인프라에 대한 집중투자 부재 등으로 인해 현재와 같이 취약한 상태가 지속될 것이다.

다음 페이지 도표의 숫자가 암시하는 바와 같이 일인당 GDP에 기초해 여러 나라가 향후 수십 년 동안 더 많은 재래식 군대를 배치할 수 있을 것이다. 실제로 재무장이 증대할 잠재성이 있다는 이야기가 전 세계적으로 떠돌고 있다. 나이지리아, 터키, 브라질, 베트남, 이집트의 부상은 남아시아와 동아시아에서 일어나고 있는 것만큼 극적이지 못하겠지만 이들의 국력 증가는 현저하며 앞으로도 그럴 것이다. 이런 국가들은 전 세계에 전개할 수 있는 군대를 배치할 수는 없겠지만 지역을 안정시키거나 또는 불안정하게 만들 수 있고, 미국이 해당 지역에 군사력을 투사하는 데 상당히 문제를 야기할 군대를 증강할 수 있는 처지에 있다.

결정적인 문제는 국가적 의지에 있다. 과거 가장 중요한 것은 국가의 의도와 목표였다. 1930년대 서유럽과 미국의 민주주의는 히틀러의 독일을 무찌를 수 있는 경제력을 가졌으나 재무장할 의지가 없었다 — 즉

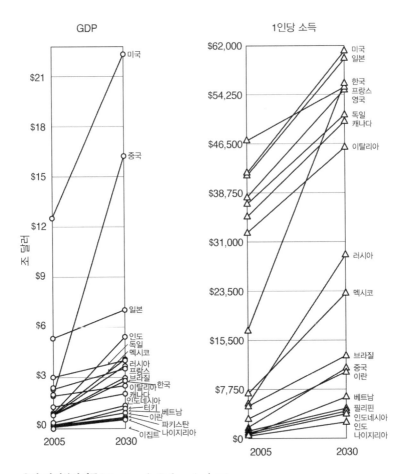

GDP

$21
$18
$15
$12
$9
$6
$3
$0

조 달러

2005   2030

미국
중국
일본
인도
독일
멕시코
러시아
프랑스
브라질
이탈리아 한국
인도네시아
캐나다
터키 베트남
이란
파키스탄
이집트 나이지리아

1인당 소득

$62,000
$54,250
$46,500
$38,750
$31,000
$23,500
$15,500
$7,750
$0

2005   2030

미국
일본
한국
프랑스
영국
독일
캐나다
이탈리아
러시아
멕시코
브라질
중국
이란
베트남
필리핀
인도네시아
인도
나이지리아

출처: 방위분석연구소(Institute for Defense Analyses).

위협을 보지 못한 것이다. 오늘날 그 국가들 중 다수가 EU를 구성하고 있으며 그들은 미군만큼 크고 능력 있는 군대를 보유할 수도 있지만 의지가 부족하다. 냉전 종식 이래 많은 유럽 국가들은 군축으로 분류될 수 있는 일에 관여해왔다. 유럽이 당면하고 있는 큰 문제는 이러한 트렌드가 지속될 것인가 여부 또는 임박한 위협 — 공격적이고 팽창주의적인 러시아, 내부적으로 골치 아픈 이주민 문제 또는 급진적인 이슬람 극단주의 ―
이 유럽을 깨우칠 것인가 여부다.

또한 지역 강국과 정교한 군사적 역량이 결합해 강력한 반미동맹을
형성할 가능성을 생각할 수 있다. 소국이지만 돈이 많은 국가들이 동맹
을 맺고 고성능 장거리 정밀무기로 무장할 것이라고 상상하는 것은 어
렵지 않다. 그런 그룹은 자국에 미군의 접근을 거부할 수 있을 뿐만 아
니라 국경에서 상당한 거리에 있는 세계 공유자산에 미군이 접근하는
것을 저지할 수 있다.

전통적인 단체 가운데 국가만 있는 것은 아닐 것이다. 다수의 초국가
적 단체 또한 인정된 전통적 규칙에 따라 행동할 것이다. 새뮤얼 헌팅턴
은 이런 그룹의 활동을 다음과 같이 묘사했다.

> 초국가 단체는 주권을 무시하려고 한다. 각국의 대표와 대표단이 유
> 엔 회의와 이사회에서 끝없는 논쟁을 벌이고 있는 한편, 초국가단체의
> 에이전트들은 대륙을 바삐 돌아다니면서 세계를 함께 엮는 거미줄을
> 짠다.[2]

이런 환경하에서 미국은 협박의 힘이 아니라 고취의 엄청난 힘을 사
용하고자 진력해야 한다.[3] 미국이 국가와 다른 전통적 권력으로 구성된

---

2 Samuel Huntington, quoted in Joseph Nye (with Robert Keohane), *Power in the
  Global Information Age: From Realism to Globalization* (London, 2004), p. 172.

3 John Hamre, President, Center for Strategic and International Studies (June
  2007).

이런 세계에서 어떻게 활동할 것인가는 노골적인 군사력으로 드리워진 긴 그림자를 초월해 영향력과 소프트파워를 투사하는 능력에 있어서 주요한 요소일 것이다. 미국은 군사적·정치적·경제적 힘 때문에 동렬 중의 일인자 지위를 유지할 것이다. 그러나 대부분의 경우 미국은 전통적인 동맹이든지 또는 의지의 연합이든지 간에 파트너를 필요로 할 것이다. 따라서 미국은 세계에 제공하는 독특한 비전에 대한 서술을 다듬을 필요가 있으며, 마음을 같이하는 파트너가 공통 관심사를 위해 투쟁하고 희생하도록 고취할 필요가 있을 것이다. 동맹, 파트너십, 연합은 통합군사령관들이 작전을 수행하는 틀을 결정할 것이다. 이를 위해서는 군사적 전문성 외에 문화적·정치적 이해와 외교가 필요할 것이다. 여기서 드와이트 아이젠하워가 유럽을 공략한 연합군 총사령관으로서 보여준 본보기는 미래의 미군 지도자들에게 특별히 유용하다.

2. 잠재적 도전과 위협

가. 중국

향후 25년 동안 중·미 관계는 큰 전략적 문제의 하나다. 결과가 어떻든지 간에 — 협력적이든지 강제적이든, 또는 양쪽 모두든지 간에 — 중국은 통합군사령관들이 고려하고 전략적으로 인식해야 할 중요성이 증대될 것이다.

21세기의 성격과 특성 가운데 많은 부분은 중국이 어떤 과정을 선택하느냐에 달려 있다 — 그 과정이 "또 하나의 피로 더럽혀진 세기가 될지"[4] 또는 평화스런 협력의 세기가 될지. 중국인은 향후 자신들이 어떤 전략적인 경로를 가게 될지 확신하지 못하고 있다. 덩샤오핑이 "야심을 숨기고 발톱을 가려라"라고 한 충고는 중국인 스스로 제공한 가장 솔직한 표현이다. 상대적으로 분명해 보이는 것은 중국이 장기적으로 전략적 과정에 관해 생각하고 있다는 점이다. 중국은 철저히 군사적 기준에서 미래를 강조하기보다는 미국과 경제 및 정치 관계가 어떻게 발전되는지를 보고 궁극적으로는 힘이 강성해져 아시아와 서부 태평양을 지배할 수 있을 것인지 계산할 것이다.

중국이 강대국이 되기 위한 궤도를 따라 세계에 적응하는 데 있어 직면하는 문제는 역사를 보면 짐작할 수 있다. 수천 년간 중국은 변경의 지역과 주민을 문화적·정치적으로 지배하는 지위를 유지했다. 이는 다른 문명에서는 볼 수 없는 현상이었다. 중국 문명의 연속성은 나일 강과 메소포타미아 계곡에 인류 최초로 문명이 등장한 시대로 거슬러 올라간다. 그러나 중국 문명의 연속성과 문화적 힘은 부정적인 측면도 제공했다. 즉 외부 세계의 흐름과 발전으로부터 상당한 정도로 중국을 고립시켰던 것이다. 20세기 대부분의 기간 동안 중국 역사는 그러한 고립주의를 더욱 심화시켰다. 중국을 고립으로 몰고 간 사건들을 보면 군벌과 중앙정부 간 그리고 국민당과 공산당 간 벌어진 내전, 일본이 1930년대와 1940년대에 걸쳐 침략한 결과로 나타난 황폐화, 마오쩌둥의 장기간에 걸친 고립주의 등을 들 수 있다.

그렇지만 지난 30년 동안 중국 부상의 가장 매력적인 모습 중 하나는 외부세계로부터 배우고자 기울인 노력이다. 이는 요란한 흉내 내기가 아니었으며 또한 전략과 전쟁에 관한 역사나 서방의 이론서로부터 아이

---

4 21세기 미래 전쟁에 관한 콜린 그레이의 책 제목임.

디어를 고르기 위해 진력한 것이 아니라 서방의 경험으로부터 배울 점을 검토하고 교훈을 이끌어내기 위해 논쟁적이고 공개적인 토론을 벌였음을 의미한다. 중국인들은 두 개의 역사적 사례연구에 공명했다. 즉 소련의 붕괴와 19세기 말과 20세기 초에 일어난 독일의 부상이다. 책 시리즈로 저술된 사례연구는 다큐멘터리 영화로 만들어졌고 이는 중국 텔레비전에서 가장 인기 있는 프로그램이 되었다(중국 CCTV가 제작한 다큐멘터리 <대국굴기(大國崛起)>를 뜻함－옮긴이).

중국은 소련 사례에서 경제 발전을 희생하면서 군사 발전을 추구해서는 안 된다, 즉 전통적인 군비경쟁을 벌여서는 안 된다는 교훈을 이끌어냈다. 덩샤오핑이 1970년대 말에 이 길을 놓았으며 그 뒤 중국은 끈기 있게 이 길을 따라갔다. 실제로 중국의 정보, 잠수함, 사이버, 우주 부문에서 새로 나타난 군사 역량을 검토해보면 중국의 고전적 전략 사상가들과 일치하는 서방의 접근방법과는 달리 비대칭적으로 운용하는 접근방법을 볼 수 있다.

인민해방군을 보면 흥미 있는 트렌드가 있다. 공산당은 군부에 상당한 자율성을 부여, 인민해방군 장성과 제독들이 진정으로 전문성 있는 군을 육성하도록 허용해왔다. 즉 공산당의 지령을 끊임없이 받는 절름발이 군대가 안 된 것이다. 이로 인해 군대는 사고의 르네상스기를 맞이했다. 사고는 중국의 고전뿐만 아니라 서방의 역사, 전략, 전쟁에 관한 문헌을 광범위하게 검토해 이끌어낸다. 중국은 아직 군사적으로 충분히 강력하지 않으며 장기적으로 더 강력해질 필요가 있다는 컨센서스가 내부적으로 이루어진 것으로 보인다. 하지만 논의는 중국의 전략 및 작전 선택에 관한 이슈, 즉 중국이 공격태세를 취할 것인가 아니면 방어태세를 취할 것인가, 대륙에 집중할 것인가 또는 해양에 집중할 것인가 아니면 양쪽을 혼합할 것인가, 인민해방군은 어떻게 중국의 새로운 세계적 이익을 가장 잘 보호할 수 있는가와 같은 문제로 확대된다.

무엇보다도 중국은 미국의 전략 및 군사적 사고에 관심이 많다. 2000년의 경우 인민해방군은 미국 군부보다 더 많은 유학생을 미국 석사과정에 유학시킴으로써 미국과 미국의 군대에 관한 이해를 제고시키고 있다. 중국은 잠재적인 미래의 군사 경쟁국으로서 미국에 가장 심각한 위협이 될 것이다. 왜냐하면 미국이 중국을 이해하는 것보다 중국이 미국과 미국의 장단점을 훨씬 더 잘 이해할 수 있기 때문이다. 손자의 유명한 경구를 생각하면 이와 같이 강조하는 것이 놀랄 일은 아니다.

적을 알고 나를 알면 백번 싸워도 위태롭지 않다(知彼知己, 百戰不殆). 적을 모르고 나를 알면 한번 승리하고 한번 패한다(不知彼而知己 一勝一負). 적을 모르고 나도 모르면 전쟁을 할 때마다 반드시 위태롭게 된다(不知彼不知己 每戰必殆).[5]

제2차 세계대전과 냉전 기간 중 연합군이 승리한 것은 부분적으로 적을 철저히 알고 있었기 때문이다. 반면 적은 상대적으로 미국과 미국의 힘을 제대로 알지 못했다. 중국은 장차 언젠가 미국과 군사적인 대결상태로 들어갈 경우에 대비하여 열심히 노력하고 있다.

중국이 미국과의 잠재적 군사경쟁과 관련해 토론을 벌이는 과정에서 명백하게 드러난 사실은 중국이 미국의 군사력에 대해 깊은 경의를 표

5 Quoted in Robert Heinl, Jr., *Dictionary of Military and Naval Quotations* (Annapolis, MD, 1967), p. 320.

하고 있다는 점이다. 중국이 잠수함, 우주, 사이버전 등의 일부 분야에서는 미국과 거의 동등한 발판에서 경쟁할 수 있다는 느낌이 든다. 우리는 연안 방어용 핵잠수함 구축에 막대한 예산을 배정하지 않는다. 중국이 핵 잠수함, 특히 세계적 해군 증강에 역점을 둔다는 점은 미 해군이 중국의 석유 에너지 수입을 봉쇄할 수 있는 능력을 보유하고 있는 데 대한 우려를 강조하는 것이다(중국이 수입하는 석유의 80%는 말라카 해협을 통과하고 있다). 중국의 해군 전략가가 표현한 바와 같이 "말라카 해협은 그 자체가 생명의 숨통이다".

"진주 목걸이"[6]

석유 수송로에 걸쳐 있는 중국의 정치적 영향력 또는 군사적 진출

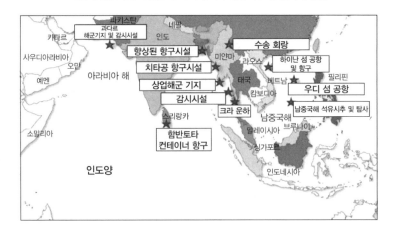

6 Christopher Pherson, "Meeting the Challenge of China's Rising Power," Carlisle Papers in Security Strategy, July 2006.

중국의 잠재적 군사력에 대한 생각

만약 GDP 하나만 가지고 군사력으로 치환한다면 2030년대에 중국은 현재의 미군과 동등하거나 우월한 군대를 보유할 수 있는 능력을 갖게 될 것이다. 그런 계산을 1인당 측정치로 한다면 2030년대까지 중국은 경제에 큰 충격을 주지 않고 현재의 미군 역량의 대략 4분의 1 수준으로 현대화할 수 있을 것이다. 여기에서 몇몇 중요한 역사적인 사실을 유념할 필요가 있다.

첫째, 냉전기간 내내 미국은 경제에 타격을 주지 않으면서도 군사지출 수준을 GDP 대비 현 수준의 2배로, 즉 GDP의 약 8% 수준으로 지속했다. 만약 중국이 국방비 지출을 냉전 기간의 미국 수준으로 늘리고 미국이 국방비 지출을 GDP의 1%로 견지한다면 중국은 미국 국방비 지출의 대략 절반 정도를 지출하는 셈이다.

냉전 기간 동안 소련은 일국이 심각한 경제 문제가 발생하기까지 한동안 상당히 높은 군비지출을 유지할 수 있음을 입증했다(소련의 붕괴는 국방비 지출보다는 경제시스템의 특성에 기인했다). 중국이 이와 유사한 노력을 기울인다면 중국은 수십 년 동안 미국과 동등한 국방비를 지출할 것이다. 중국이 그런 노력을 기울인다면 즉각 서방 분석관이 주목하겠지만 얼마나 효과가 있겠는가? 역사적으로 제2차 세계대전이 발발하기 전 수년 동안 나치 독일은 엄청나게 군사력을 증강했지만 서방 강대국의 대응을 유발하지는 못했다.

군사 및 전략적 주제에 관해 글을 쓴 중국의 저자들은 2020년대까지 지속될 기회의 창이 있다는 데 동의하는 것으로 보인다. 그 기간 동안 중국은 진정한 대국이 되기 위해 국내의 경제성장과 무역 확장에 집중할 수 있을 것이다. 중국은 인적·물적 자본에 대폭적으로 투자하고 있다. 실제로 중국의 솜씨 좋은 엔지니어, 기술자, 과학자는 전 세계에 걸쳐 과학적 발견에 깊이 개입되어 있을 뿐만 아니라 미래의 번영과 세계로의 통합이 이루어질 인프라를 구축하는 데에도 깊이 관여하고 있다. 무엇보다도 중국은 자체의 취약점과 강점 그리고 미래의 전망에 대해 객관적이다.

그렇다면 중국이 따라가야 할 잠재적 경로는 무엇인가? 현재 중국 지도층이 직면하고 있는 문제는 엄청나다. 따라서 중국이 성공하지 못할 경우에는 아마도 중국이 번영하는 경우보다 더 많은 문제가 발생할 것이다. 세계적 경기침체가 심각해지면 중국은 위험한 방향으로 가지 않을 수 없을 것이다. 1930년대의 일본과 같은 사례다. 한편 중국은 전략 경로에 영향을 미칠 수 있는 커다란 내부 문제에 직면하고 있다. 도시화, 기념비적 규모의 오염, 물 부족, 그리고 시베리아, 인도네시아 등지에서 늘어나는 화교를 보호해야 할 책임은 지도층이 쉽게 무시할 수 없는 현실적인 문제다. 외적의 침략 위협과 함께 내부적 안정은 중국 역사상 중국정부가 당면해왔던 두 가지 주요한 정치적·전략적 도전이다. 더욱이 최근의 티베트 사태가 암시하는 바와 같이 소수민족과 베이징의 중앙정부 간의 긴장상태가 높아지고 있다. 하지만 중국의 전략적 접근과 관련, 지도층이 내부 문제를 이해하는 데에는 상당한 궤변이 있다.

대만은 와일드카드지만 여기에서도 그림이 분명하지는 않다. 통일이 된다면 그와 함께 본토에 민주주의 이상이 확산될 것이며, 점차 교육수

중국의 지역별 해외 직접투자

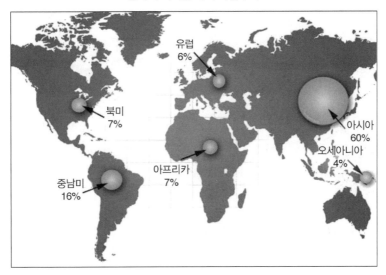

출처: 도이치은행(Deutsche Bank).

준이 높아지고 영리해지는 인민에 대한 공산당의 통제가 약화될 것이다.

나. 러시아

러시아는 그 과거가 비극적이었던 만큼이나 미래도 불확실하다. 1914
년에는 세계에서 인구가 가장 많은 나라 중 하나로서 보유 자원과 급진
적인 성장을 감안할 때 전망이 밝았으나 그런 잠재력은 흩어져서 사라졌
으며 그런 다음 제1차 세계대전(군인과 민간인 사망자 300만~400만 명)으
로 붕괴되고, 내전(500만~800만 명), 인재에 의한 기근(600만~700만 명),
숙청(200만~300만 명), 제2차 세계대전(2,700만 명)의 재앙으로 붕괴되었
으며, 그 뒤를 이어 60년에 걸친 '계획' 경제와 농업 재해가 발생했다.
1990년에 발생한 소련의 내부 붕괴는 새로운 저점을 기록했는데 이를

가리켜 블라디미르 푸틴 대통령은 "세기의 지정학적 대재앙"이라고 비난했다.

러시아는 소련의 붕괴로 3세기 동안 지배했던 대지와 영토를 잃었다. 소련의 붕괴는 기존 경제구조를 파괴했을 뿐만 아니라 취약한 민주 후계 정권은 범죄단체를 통제하거나 기능을 발휘하는 경제를 창조할 능력이 없었다. 게다가 러시아 군부가 체첸의 반란을 진압하려는 최초의 시도는 무능력과 잘못된 가정으로 침몰하고 말았다. 2000년 이래 러시아는 블라디미르 푸틴의 보안기관에 의한 통치 재건 — 대부분의 러시아인들이 환영한 조치 — 그리고 석유와 천연가스 생산에 의한 외화 유입 증대에 기초해 상당한 회복세를 보였다. 러시아정부가 이런 횡재를 장기적으로 어떻게 사용할지는 러시아의 장래에 중요한 역할을 할 것이다.

현 러시아정권 자체의 성격 또한 상당한 우려의 대상이다. 정부지도자들 가운데는 구정보기관인 KGB 출신이 꽤 많다. 따라서 그런 사람들의 교육과 관료적 문화에는 전임 정권을 상기시키는 무자비함이 내재되어 있는 반면 전임 정권과 같은 이념적인 열성은 없다. 이는 현 정권의 전략적인 관점과 안보에 대한 제로섬 접근이 주목을 요함을 암시한다.

현재 러시아의 지도자들은 장기적으로 석유와 가스 생산을 증대시킬 유전에 대한 장기 투자 없이 석유수입을 극대화하기로 한 것 같다. 석유와 가스 자원이 풍부한 러시아는 낡고 황폐한 인프라를 현대화하고 보수하며 오랫동안 고통을 겪는 국민의 복지를 개선할 수 있는 처지에 있다. 그런데도 현 지도부는 그런 데 관심을 별로 보이지 않고 있다. 그 대신 러시아의 강대국 지위를 강조해왔다. 러시아는 현재의 부, 모스크바의 화려한 부활, 군사력 장식물에도 불구하고 여타의 국가 상태를 숨길 수 없다. 러시아 남성의 평균수명은 59세로 세계 148위이며 이는 동티

북극해 내 러시아의 영유권 주장 지역

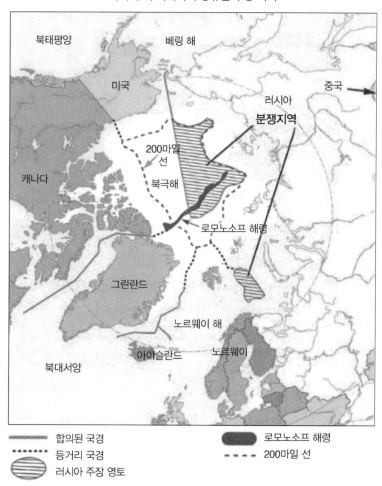

▬▬▬ 합의된 국경	⬛ 로모노소프 해령
▪▪▪▪▪ 등거리 국경	━ ━ ━ 200마일 선
▦ 러시아 주장 영토	

출처: University of Durham, UN Marum.

모르, 아이티와 비슷한 수준이다.

아마 다른 어느 나라보다 러시아는 국제환경을 두려워할 이유가 있는데, 특히 자국의 국토를 휩쓴 침략을 고려하면 그렇다. 현재 심각한 문제가 있는 곳은 테러리스트들이 많은 카프카스 지역, 새로운 석유부국들의 안정이 심각한 위기에 처한 중앙아시아 등이다. 특히 동쪽으로 시베리아 국경에서는 중국이 잠잠한 가운데 점점 더 강력해지고 있다. 2001년 러시아와 중국은 양국 간 4,300마일에 달하는 국경의 경계를 정했다. 하지만 이 국경선을 따라 러시아인은 떠나고(2000~2010년 간 이 지역 인구의 6%에 해당하는 50만 명 이탈 추정) 중국인이 유입됨으로써 인구변동 압력이 더 커지고 있다. 시베리아 거주 중국인은 적어도 48만 명(전체 인구의 6%)에서 많게는 100만 명 이상(거의 12%)이 될 것으로 추정된다. 러시아는 중국과 국경 분쟁으로 비화될 수 있는 민족 긴장을 회피하기 위해 이러한 인구 변동을 주의 깊게 관리하지 않을 수 없다.

러시아는 흑해, 카프카스, 발트 해 지역에 걸쳐 더 적극성은 띠고 있지만 건설적이지 못한 역할을 수행하고 있다. 이들 지역에 대한 러시아의 개입은 각 사안별로 특성을 갖고 있지만 공통적으로는 아주 작은 인근 국가들의 문제에 끼어드는 러시아의 모습이다. 각지에서 러시아는 '인근 지역'에 영향력을 확장하기 위해 민족적·국가적 긴장상태를 조성하고 있다.

카프카스 지역, 특히 그루지야 그리고 그루지야의 압하즈 및 남오세티아 지방에서 러시아는 분리주의자들을 직접 지원했다. 아르메니아와 아제르바이잔 간 분쟁 또는 몰도바의 트랜스드네스트르 지역의 분쟁과 같은 폭발 직전의 분쟁에 러시아는 간접적인 지원을 제공하고 있다. 이들 분쟁으로 인해 투자와 생산적인 경제활동이 절실히 필요한 이 지역의 빈곤상태가 악화되고 있다. 이들 분쟁은 카스피 해 연안과 그 너머의 석유에 접근하는 신규의 취약한 루트를 따라 발생했다. 이들 분쟁은 세계적으로 중요한 지역에서 부패와 조직범죄를 조장하면서 법질서와 국

에스토니아
벨로루시
라트비아
리투아니아
우크라이나
러시아
그루지아
아제르바이잔
독립국가 내의 러시아민족
러시아민족의 집중 거주지
및 분산된 분포를 표시함
아르메니아
우즈베키스탄
이란
투르크메니스탄 키르기즈스탄
카자흐스탄
중국

출처: Perry-Castaneda Library, Univ. of Texas

가의 주권을 무시하고 있다. 또한 장래에는 지역 질서를 위한 기본 틀의 수립을 악화시키고 러시아 주변에 새로운 '불안정한 변경(frontier of instability)'을 만들 수도 있다.

사실 러시아의 유럽 인근국 다수가 거의 완전히 비무장화를 실현한 데 반해 러시아는 군사력 증강에 착수했다. 부분적으로는 소련 이후 경제의 붕괴로 군대가 황폐화된 1990년대의 잃어버린 10년을 되찾기 위한 것이다. 2001년 이래 러시아는 군 예산을 과거 수년에 비해 매년 20% 이상 증가시켜 4배로 늘렸다. 2007년에 러시아 의회는 푸틴의 적극적인 지원을 받아 2015년까지 대폭 증액한 군 예산을 승인했다. 러시아는 구소련의 군사 체제를 재건할 수는 없겠지만 핵탄두, 운반시스템, 교리 등 핵전력을 현대화함으로써 인력과 재래식 전력의 열세를 만회하려고 시도할지도 모른다. 또한 러시아는 스스로 '새로운 물리적 원칙'이라고 정의한 데 기초해 전략 시스템을 탐구하고 배치하고 있다. 예를 들면 새로운 스텔스(stealth, 적의 레이더나 탐지 센서에 항공기나 무기가 쉽게 발견되지 않도록 한 군사 기술 부문—옮긴이)와 극초음속 기술 같은 것이다. 러시아는 거대하고 성능이 점차 제고되는 핵무기를 보유함으로써 인구적·정치적 난관에도 불구하고 핵 기준으로는 여전히 초강대국이다.

향후 수십 년 동안 나타날 잠재적 가능성 중 하나는 러시아가 대접을 제대로 받지 못하고 있다고 생각하는 접경국가 내 소수 러시아인들을 '해방시킨다는' 구실로 과거 영토를 재탈환하는 데 역점을 두는 것이다. 그렇게 되면 미국과 NATO 동맹국들은 그러한 러시아에 경고하기 위해 충분한 결의와 억지를 다져야 하는 과제에 직면하게 될 것이다.

현재 다수의 러시아인들에게는 강대국으로서 자기들이 차지해야 할 자리를 상실한 데 대한 고통, 민족주의, 편집광 증세 — 편집증 일부는 러시아의 역사를 고려하면 정당화됨 — 가 위험하게 결합되어 있다. 나치 독일이 잘못된 경로를 밟은 것은 바로 그러한 위험한 결합이 일련의 불행한 사건과 함께 발생했기 때문이다.

다. 태평양과 인도양

아시아 대륙에는 이미 5개의 핵보유국(nuclear power)이 있다. 중국, 인도, 파키스탄, 북한, 러시아다. 게다가 핵국가(nuclear state)의 문턱에 선 국가가 셋 있는데, 바로 한국, 대만, 일본이 신속하게 핵보유국이 될 수 있는 능력을 갖고 있다. 이 지역은 표면상으로 안정된 것처럼 보이지만 정치적으로 갈라진 틈이 존재한다. 이런 분열은 역사적·문화적·종교적 뿌리가 깊어 완화될 기미가 별로 없다. 중국과 한국은 일본에 대해 원한을 품고 있다. 중국이나 일본은 자국의 합법적인 영토를 러시아가 점거하고 있음을 잊지 않고 있다. 1947~1948년 간 영국의 인도 식민지 분할과 관련, 인도와 파키스탄은 3차에 걸쳐 치열한 전쟁을 겪었으며, 카슈미

르를 위요한 내연 상태의 분쟁은 양
국 관계에 지속적으로 해독을 끼치
고 있다. 베트남과 중국은 오랜 반
감의 기록을 가지고 있는데, 1970
년대 말에는 치열한 전투가 벌어졌
다. 또한 대만이 본토의 일부에 불
과하다는 중국의 주장은 분명히 일
촉즉발의 위기를 부를 수 있다.

지리적으로 몇몇 지역이 분쟁상
태에 놓여 있다. 카슈미르를 놓고
인도와 파키스탄 간에 지속되고 있

인도-파키스탄 간 영토분쟁 지역

는 분쟁상태는 양국이 핵 무장을 하고 있어 가장 위험시된다. 중국은 남
사군도의 영유권을 무력으로 지키고 있는데, 베트남과 필리핀 역시 영
유권을 주장하고 있다. 제2차 세계대전 말 소련이 점령한 쿠릴 열도는
러시아와 일본 간 분쟁 대상으로 되어 있다. 오키나와 남쪽에 위치한 무
인도는 일본과 중국 간 분쟁상태로 있는데, 양국은 부근에 석유가 매장
되어 있을 가능성 때문에 이곳에 관심을 갖고 있다. 황해는 석유 매장
잠재성 때문에 상당 부분이 남북한, 일본, 중국 간 분쟁상태에 있다. 말
라카 해협은 세계 상업의 가장 중요한 통과 지점이다. 이 해협이 봉쇄되
면 단기간 동안이라도 세계경제에 파국적인 충격을 줄 것이다.

현재 이 지역에서는 미묘하지만 지속적으로 군비가 증강되고 있다.
인도는 향후 20년 동안 국부를 4배 이상으로 증대시킬 수 있지만 인구
대부분은 2030년대까지 빈곤 상태에 머물 것으로 보인다. 중국과 마찬
가지로 인도 역시 빈부격차 확대로 인한 긴장상태가 야기될 것이다. 그

런 긴장상태는 종교 간, 민족 간 분열에 추가해 계속해서 경제성장과 국가 안보에 함의를 지닐 것이다. 그렇지만 인도 군대는 향후 상당히 수준이 높아질 것이다. 그런 사실은 인도 군대의 자부심 있는 전통과 인도양 내 전략적인 위치와 결합해 인도를 남아시아와 중동에서 지배적인 국가가 되도록 만들 것이다. 인도와 같이 중국과 일본도 군 현대화에 막대한 투자를 하고 있는데, 특히 동아시아와 남아시아 주변을 둘러싼 해역을 지배하기 위해 인근국가에 도전할 수 있는 해군력에 역점을 두고 있다. 이 지역 강대국들의 해군력 증강은 미국이 전략 개발과 아울러 해군력 배치를 어떻게 할 것인지에 중요한 함의를 지닌다.

라. 유럽

유럽연합(EU)은 로마 제국 이래 그 유례가 없을 정도로 유럽을 경제적으로 공고하게 만들었다. 유럽은 경제문제에서 상당한 영향력을 행사할 것이다. 유럽연합의 경제는 전체적으로 2030년대까지 미국보다 클 것으로 보인다. 안보 관점에서 NATO 동맹은 실질적이고 세계 수준의 군사력을 배치하고 대륙의 경계를 넘어 군대를 파견할 수 있는 잠재력을 갖게 될 것이지만 현재로서는 그럴 가능성이 희박하다.

유럽에서 냉전 종식에 대한 반작용으로서 '분쟁 이후'의 의식구조로 전환을 야기한 대규모 군비축소는 결국 중단되겠지만 다수의 유럽 국가들은 이미 군축을 대폭 실시했다. 현재 NATO의 아프간 내 활동을 상당한 정도로 지지함으로써 자국 군대를 위험지에 파견한 국가가 소수에 불과하다는 사실은 다수의 유럽인들이 파괴적 군대가 국제문제에서 중요한 역할을 담당한다는 생각에 의문을 제기하고 있음을 나타낸다.

아마도 이런 상황은 감지된 위협을 인식하면 변할 수 있을 것이다. 향후 25년 동안 유럽은 두 가지 위협에 당면하게 될 것이다. 즉 러시아와 세계적인 이슬람 극단주의의 자극을 받은 지속적인 테러리즘이 위협이 될 것이다. 러시아에 대해서는 이미 앞에서 논의한 바 있다. 발트 해와 동유럽 지역은 국경 획정 또는 인종 등의 몇몇 역사적인 문제로 인해 과거에 분쟁이 야기되었지만 이는 앞으로도 수면하의 잠복 상태가 계속됨으로써 여전히 발화점이 될 가능성이 있다. 러시아가 동유럽보다는 발트 해를 통해 가스 파이프라인을 놓으려고 노력하는 것은 NATO의 중부와 서부 유럽 회원국을 발트 해와 동유럽의 NATO 회원국으로부터 분리시키려는 의도적인 목적을 나타낸다.

또한 테러리스트가 지속적으로 유럽을 공격함으로써 군비증강에 대한 대중적 열망을 촉발할지도 모른다. 폭력적인 극단주의자들이 유럽대륙에 대한 공격의 빈도와 강도를 늘리는 전략을 끊임없이 구사한다면 이런 위협에 대해 역내 안보문제로 대처하기보다는 세계적 차원에서 대처하는 것을 포함하는 대응이 있을 것이다.

마. 중남미

남미와 중미에서 발생하는 군사문제는 내부로부터 일어날 것으로 보인다. 현재 많은 문제, 특히 마약 카르텔과 범죄단체가 대륙을 괴롭히고 있으며, 테러단체도 계속해서 일부 무법의 국경지역을 근거로 활동할 것이다.

그렇지만 호전된 경제 상황에 힘입어 남미 지역은 이러한 문제를 처리하기가 수월한 입장에 처할 것이다. 특히 브라질은 2030년대까지 강대국 사이에서 주역이 될 수 있을 것이다. 칠레, 아르헨티나, 페루 그리고 어쩌면 콜롬비아도 신중한 경제정책을 지속한다면 성장세를 지속할 가능성이 매우 높다.

현재 잠재적으로 현상유지에 도전할 주요 국가는 쿠바와 베네수엘라다. 카스트로가 사망하면 쿠바 정치에 대변화가 일어날 가능성이 있다. 베네수엘라의 미래는 점치기가 더 어렵다. 차베스정권은 석유 수입 중 막대한 금액을 반미활동을 하는 '볼리바르 혁명(Bolivarian Revolution)' (차베스 대통령이 스페인에 맞서서 남미를 해방시키고 남미의 통합을 시도했던 해방자 '시몬 볼리바르'의 이름을 따서 자신의 민중영합주의 통치를 미화해 붙인 명칭—옮긴이)에 돌리는 동시에 오일머니를 지지자들에게 뿌림으로써 정권의 지지기반을 다지고 있다. 이 두 가지 일을 시도한 결과 석유 인프라에 대한 투자가 부족하게 되어 미래에 심각한 영향을 미칠 것이다. 현 정권이 방향을 전환하지 않는다면 오일머니를 이웃나라를 전복시키는 데 장기간 사용할 수 있을 것이다. 또한 차베스정권은 이란, 러시아, 중국 등과 세계적인 규모로 반미활동을 전개함으로써 사실상 이 지역에서 반미연합을 형성할 기회를 만들 것이다.

브라질은 지역 수준에서 강대국이 될 것이다. 남미에서는 어떤 나라도 브라질의 경제력에 근접할 수 없다. 이 나라는 바이오연료 생산용 자원 덕분에 급성장할 것으로 보인다. 브라질 연안에서 발견된 유전은 브라질의 경제력과 정치력에 보탬이 될 자원이다.

범죄단체와 마약 카르텔 세력은 여전히 중남미에서 성장의 발목을 잡는 심각한 장애요인으로서 이 지역의 잠재력을 썩히고 왜곡하며 훼손시킨다. 범죄단체와 카르텔이 정글 속에서 일회용 잠수함 수십 대를 건조해 코카인을 밀매하는 데 사용할 수 있다는 사실은 이런 활동의 경제 규모가 얼마나 거대한지를 보여준다. 이는 미주 대륙의 국가안보 이익에 실질적인 위험이 된다. 특히 지난 수년 동안 멕시코정부에 대한 마약 카르텔과 그 자객들의 공격 증가는 불안정한 멕시코가 미국에 엄청난 국토안보 문제를 야기할 수 있음을 상기시킨다.

바. 아프리카

사하라 이남 아프리카는 독특한 일련의 문제를 제기한다. 예를 들면 악정(bad governance), 외부 세력의 간섭, AIDS 등의 보건 위기 같은 것이다. 경제가 성장하는 일부 지역도 압박을 받고 있으며 곧 성장이 후퇴할 것으로 보인다. 아프리카에서 약간의 발전은 일어날지 모르지만 역내 국가들 중 다수는 여전히 지구상에서 가장 가난한 국가 리스트에 오를 것이 거의 확실하다. 사태를 더욱 악화시키는 것은 19세기 식민지 종주국들이 그어 놓은 국경이 종족·언어 현실과 별 상관이 없다는 사실일 것이다.

이 지역은 부존자원이 풍부해 이미 몇몇 강대국의 관심을 끌고 있다. 이런 현상은 환영할 만한 발전 동향이라고 할 수 있다. 왜냐하면 그 여파로 이 지역이 절실히 필요로 하는 기술과 투자가 유입될 수 있기 때문이다. 강대국들은 이 지역 자원의 중요성 때문에 역내 안정과 발전에 대한 기득권익을 확실하게 유지할 것이다. 이런 개입이 '원조'를 넘어 진정한 '투자'로 발전한다면 진정한 안정과 안보가 이루어질 것이다. 그런 일이 발생할 때까지 통합군이 아프리카에 개입할 주요 동인은 역내 국가와 준국가 부족집단이 권력투쟁을 벌일 때 인도적 재해와 집단학살 재난을 회피하도록 돕는 일일 것이다. 상대적으로 취약한 아프리카 국가들은 간섭하려는 강대국과 비국가행위자들의 압력을 거부하기가 몹시 어려울 것이다. 이런 가능성은 19세기 말을 생각나게 만드는데, 당시 선진국들은 자원 등 관심 분야만 추구함으로써 취약하고 가난에 찌든

지역의 제반 문제를 혼란에 빠뜨렸다.

사. 불안정의 중심: 중동과 중앙아시아

현재의 상황에 비추어볼 때 분쟁의 주요 중심지는 계속해서 모로코에서 중앙아시아를 지나 파키스탄에 이르는 지역이 될 것이다. 이 부분을 가로질러 특히 중앙아시아와 카프카스 지역에서는 국경, 영토, 물 권리 등을 둘러싸고 국가 간, 민족 간 다수의 잠복된 역사적 분쟁이 존재한다. 과격파 이슬람교도들이 최초의 가장 명백한 도전을 제기할 것이다. 여기서 문제는 테러리즘 그 자체가 아니다. 왜냐하면 테러리즘은 전술에 불과한 것이기 때문이다. 기술과 무기체계를 결여하고 현대세계의 양심의 가책이 없는 자들은 전술에 의해 전 세계에 걸쳐 적을 공격할 수 있다. 과격파 이슬람교도들은 폭력을 옹호하며 ─ 모두가 다 그런 것은 아니다 ─ 이슬람 세계에서 정권 전복을 모색하는 신학 기반의 초국가적 반란 상태를 유발한다. 그들은 인터넷, 항공여행 및 세계화된 금융시스템이 없다면 활동을 전개할 수 없음에도 현대성 장식물과 서방의 철학적 기초를 맹렬히 공격한다. 과격파 이슬람은 최소한 미국과 세계의 안전에 극히 중요한 중동 지역에서 미국과 다른 외국의 존재를 제거하려고 하지만 그것은 동쪽의 중앙아시아에서 서쪽의 스페인에 이르고 아프리카 내륙으로 뻗어가는 이슬람왕국을 창설해 기독교도와 토착신앙을 제압하고 "이슬람의 피가 묻은 국경"을 확보한다는 목표의 첫 단계일 뿐이다.[7]

---

7 Samuel Huntington, *The Clash of Civilizations and the Remaking of World Order* (New York: Simon and Schuster, 1996).

아랍-이슬람 세계의 문제는 지난 다섯 세기를 거슬러 올라간다. 그 기간 동안 최근까지 서방의 부상과 정치적·사회적 가치의 전파는 그들 사회의 권력과 호소력의 부수적인 쇠퇴와 병행해서 일어났다. 오늘날의 이슬람 세계는 서방이 창조한 상호의존의 세계에 적응하거나 회피하는 방안 중 하나를 선택해야 하는 문제에 직면하고 있다. 다수의 이슬람 국가들은 전제적 통치자들이 나라를 이끄는 경우가 많으며 산업화와 현대화를 더욱 집중적으로 추진하기 위한 인센티브를 별로 제공하지 못하는 1차산품 수출에 빠져 있고 교육과 현대화에 장애가 되는 문화적·이념적 짐을 지고 있기 때문에 서방, 남아시아, 동아시아에 비해 훨씬 뒤지고 말았다. 과격파 이슬람교도들의 분노는 부패한 지도자들의 거짓말, 과격파 이슬람 학자들의 수사, 자체 미디어의 날조, 훨씬 더 번영하는 선진국에 대한 적의를 먹고 산다. 이슬람 세계의 과거와 현재 사이의 긴장 상태가 충분하지 않았다고 해도 아랍 세계의 중심지인 중동은 부족, 종교 및 정치상으로 분열된 상태에 있다. 여기서 지속적인 불안정은 불가피하다.

이슬람의 교리에다가 인터넷, 복잡하게 얽힌 금융 네트워크, 통치가 제대로 되지 않는 국가의 구멍 뚫린 국경 등을 합해 과격파 이슬람교도들은 전 세계에 걸친 네트워크로 연결된 조직을 만들었다. 이 운동은 지도자들의 광신적인 행위 속에서 벌어지는 대부분의 반란과 유사하다. 그러나 파괴를 극대화할 목적으로 첨단기술을 채용할 수 있는 능력은 국제환경에서 위험한 새로운 트렌드를 나타낸다.

가까운 장래 선진국이 이런 분쟁에서 승리를 거둘 것이라는 환상을 품을 사람은 아무도 없다. 대부분의 반란사태와 마찬가지로 승리는 결정적이거나 완벽할 수 없을 것이다. 승리는 분명 군사적인 성공에 달려 있지 않을 것이다. 정치적·사회적·경제적 병을 고치면 도움이 되겠지만 결국 결정적인 것은 아닐 것이다. 가장 중요한 것은 '사상의 전쟁'에서 이기는 것인바, 그 승리의 대부분이 이슬람 세계 자체 내에서 나와야 한다.

에너지 공급원을 갖고 있는 중동의 경제적 중요성은 새삼 강조할 필요가 없다. 이라크와 아프간에서 분쟁의 결과가 무엇이든지 간에 미군은 정규전과 비정규전, 구조 활동과 재건사업, 민사작전 등 수많은 임무를 이 지역에서 수행하게 될 것이다. 이 지역과 이 지역의 에너지 공급은 미국, 중국, 여타 에너지 수입국에 너무 중요해 과격 단체가 이 지역의 어느 중요한 부분을 지배하거나 통제하는 것을 허용할 수 없다.

3. 취약국가와 실패국가

취약국가와 실패국가는 앞으로 4반세기 동안 세계 환경의 한 여건으로 존재할 것이다. 그런 국가들은 전략과 작전 수립자들에게 심각한 과제를 안겨줄 것인바, 사람들이 겪게 되는 고통은 거의 틀림없이 지역적으로 확산될 정도로 규모가 크고 어떤 경우에는 전 세계적으로 문제를 돌출시킬 잠재성을 갖고 있다.

그런데 이런 국가들을 괴롭히는 경제적·정치적 문제에는 어떤 명확한 유형이 없다. 어떤 경우에는 재앙을 초래하는 리더십이 정치적·경제적 안정을 결딴내고 말았다. 다른 경우에는 문화적·언어적 심지어 인종적 유대관계도 없는 부족집단 간 전쟁으로 말미암아 국가가 안에서부터 무너졌다. 이런 사례는 아프리카, 중동에서 발생했다. 19세기 유럽 강대국들은 이런 지역에서 식민지의 국경을 분할할 때 경제적·정치적 또는 전략적 필요를 기준으로 했을 뿐, 부족 사회의 기존 언어, 인종 또는 문화적 유형에 그다지 신경을 쓰지 않았다. 이와 같이 기능을 발휘하지 못하는 국경은 미군이 이런 지역에서 개입한 거의 모든 분쟁을 격화시켰다.

취약국가와 실패국가 중 대다수는 아니라 할지라도 다수는 사하라 이남 아프리카, 중앙아시아, 중동, 북아프리카에 집중되어 있다. 그런 국가들의 현 명단을 보면 한 세대 전에 작성된 명단과 많이 유사한데, 이는 상당한 규모의 원조에도 해결의 희망이 별로 없는 만성적인 조건을 암시한다. 가난에서 탈출한 국가도 몇몇 있다 — 이런 국가들이 성공한 것은 영리한 지도력과 세계 시스템에 통합하고자 하는 의욕의 결과다. 하지만 현재까지 남아 있는 취약국가와 실패국가는 그와 다른 길을 가기로 선택한 것이다. 상대적으로 주목을 별로 받지 못한 취약국가와 실패국가에 관한 문헌에는 하나의 동학이 있다. 즉 '급격한 붕괴' 현상이다. 대부분의 경우 취약국가와 실패국가는 지속적으로 관리를 요하는 만성적이고 장기적인 문제를 상징한다. 일국의 붕괴는 통상적으로 불시에 급격하게 시작되어 심각한 문제를 야기한다. 1990년 유고슬라비아가 민족 간 전쟁으로 혼란에 빠져 붕괴되고 만 것은 국가가 얼마나 갑자기 파멸할 수 있는지를 보여준다 — 유고슬라비아는 1984년 사라예보에서 동계올림픽 대회를 개최한 국가인데, 그 뒤에 일어난 내전의 진원지가 된 것이다.

통합군이 당면할 그리고 실로 세계가 당면할 최악의 시나리오에 의하면 두 개의 중요한 대국이 갑자기 빠르게 붕괴할지도 모르는 경우로서 파키스탄과 멕시코가 검토되었다. 파키스탄이 어떤 형태로든 붕괴한다면 폭력적 유혈 내전과 종파전쟁이 장기간 벌어질 것으로 보이는데, 그렇게 되면 이곳은 폭력적인 극단주의자들의 대규모 안식처가 될 것이며 파키스탄이 보유하고 있는 핵무기에 무슨 일이 발생할지 문제가 제기될 것이다. 그와 같은 불확실성의 '완벽한 폭풍우'가 나타난다면 미군과 연합군은 무기를 전혀 통제할 수 없고 핵무기가 정말로 사용될 가능성이 있는 복잡하고 위험하기 짝이 없는 상황에 개입하지 않을 수 없을 것이다.

멕시코 사태는 이보다는 발발 가능성이 낮지만 정부, 정치인, 경찰, 사법부 모두가 범죄단체와 마약 카르텔로부터 지속적인 공격과 압력을 받고 있다. 그러한 국내 문제가 향후 수년 동안 어떻게 전개될지가 멕시코의 안정에 중대한 영향을 미칠 것이다. 멕시코가 혼란에 빠질 경우 미국은 국토 안보에 미치는 심각한 함의에 근거해 대응해야 할 것이다.

4. 비전통적 세력의 위협

국가 등 전통적 세력이 여전히 권력의 주요 브로커지만 비전통적·비국가적 행위자 또는 초국가적 행위자에게 권력이 분산되고 있다는 사실도 부정할 수 없다. 이런 집단들은 그 자체의 '규칙'을 가지고 있는 반면 사회의 인정된 규범과 전통 밖에서 존재하고 행동한다.

일부 초국가적 조직은 국가의 통제를 벗어나서 활동하고 국가에 도전하기 위한 도구와 수단을 획득하며 목적 달성을 위해 일반 국민을 대상으로 테러리즘을 활용하고자 한다. 이러한 비전통적 초국가 조직들은 국가 간 경계와 협정을 중요시하지 않는다. 아래 논의에서 두 개의 사례, 즉 민병대와 초능력 개인을 집중 조명한다.

민병대는 무장집단으로서 비정규군이지만 군대로 인정되며 취약한 실패국가 내에서 또는 통치가 되지 않는 지역 내에서 활동한다. 그들의 범위는 정체성을 공유하는 특별 조직에서부터 군사 능력에 따라 상품,

서비스, 안전을 제공할 수 있는 능력을 보유한 더욱 영속적인 단체에 이르기까지 다양하다. 민병대는 전통적으로 국가가 보유한 폭력의 독점을 파괴함으로써 국가의 주권에 도전한다. 현대 민병대의 한 예로는 헤즈볼라를 들 수 있는데, 이 조직은 레바논의 공식적인 국가 내의 '준국가적인' 정치·사회 구조를 국가와 같은 기술적 역량 및 전쟁 수행 역량과 결합시킨다.

대혼란을 일으키는 데는 민병대 수준이 아니라도 된다. 많은 첨단기술을 획득하는 데 드는 비용이 감소되고 정보가 확산됨에 따라 개인과 소규모 집단도 막대한 손실과 인명 피해를 입힐 수 있는 능력을 이미 보유하게 되었다. 시간과 거리상의 제약은 이제 문제가 되지 않는다. 그런 집단들은 핵심적인 시스템을 공격하고 값비싼 시스템에 대한 비싸지 않은 대응방안을 제공하는 틈새 기술을 사용한다. '초능력자들'이 모인 그러한 집단은 규모가 작기 때문에 모두 상당히 민첩하게 그리고 동시적으로 행동을 계획하고 실행하며 피드백을 받아 수정할 수 있다. 그들이 심각한 피해를 입힐 수 있는 능력은 그들의 규모와 자원에 전혀 비례하지 않는다.

테러단체에 대응하기 위한 세계적인 노력은 시간이 흐르면서 다양한 강도로 2030년대까지 지속될 것이다. 이런 활동은 미국 안보 우려의 최우선 대상이 될 것이다. 현재 증거에 의하면 미국이 노력한 결과 2001년 미국을 공격한 알카에다 세력은 크게 약화되었다. 하지만 새로운 과격파 단체들이 형성되었기 때문에 위협은 사라지지 않고 있다. 이러한 새로운 테러단체들은 알카에다의 단점과 실수로부터 교훈을 얻었다. 더구나 경험, 전술, 최상의 훈련 방법을 전달하기 위해 테러단체가 인터넷과 기타 통신수단을 이용할 수 있게 됨으로써 상대적으로 세련된 새로운 지원자가 전투에 끊임없이 유입되는 결과가 초래될 것이다. 테러리스트가 선배와 동료들로부터 배운다면 관료적인 장벽을 통해 적응하고 혁신해야 하는 장애에 직면하지 않을 것이다.

5. 대량파괴무기의 확산

핵무기 확산은 미국의 안보에 지속적으로 도전이 될 것이다. 냉전 기간 동안 내내 미국의 기획자들이 고려해야 했던 사항은 소련이 미국을 공격하기 위해 핵무기를 사용하는 문제와 미국이 소련을 공격하기 위해 핵무기를 사용하는 문제였다. 과거 20년 동안 미국 국민은 핵 억지력과 핵전쟁 문제를 대부분 무시했다. 2030년대에는 그런 사치를 누릴 수 없을 것이다.

1998년 이래 인도와 파키스탄은 핵병기(nuclear arsenals)와 운반역량(delivery capabilities)을 개발했다. 북한은 핵무기를 실험했으며 그런 무기를 더 많이 만들기에 충분한 핵분열 물질(fissile material)을 생산했다. 현재 이란은 자국의 핵무기 프로그램을 적극적으로 추진하고 있다. 이란이 핵개발 프로그램을 종식시키라는 외부의 요구에 완강하게 저항하자 국제사회가 보인 혼란스런 반응은 여타 국가들이 그 길을 따라가게 만드는 인센티브였다.

사실상, 활 모양을 이루며 확대되는 핵보유국(nuclear power)은 서쪽의 이스라엘에서 신흥 이란을 통해 파키스탄, 인도를 거쳐 동쪽의 중국, 북한, 러시아에 이른다. 대만과 일본은 정치지도자들이 결정만 내리면 신속하게 핵무기를 개발할 수 있는 능력을 보유하고 있다. 유감스럽게도 활 모양의 핵 지대는 상당히 불안정한 지역과 일치한다 ― 경제력과 에너지 자원 때문에 미국의 관심이 지대한 지역이다.

게다가 이 지역의 일부 국가는 핵무기를 최후 수단의 무기로 보지 않을지도 모른다. 문화가 미국과 매우 다르고 정권이 불안정하거나 부단하게 적대적인(또는 양쪽 다) 국가는 핵무기의 역할을 미국의 전략가들과 유사한 방식으로 본다고 확신할 수 없다. 적대적이든지 아니든지 간에 이 활 모양 지대 내의 다른 정권이 핵무기를 획득하면 전략 균형이 더욱 깨질 것이며, 핵무기 사용 잠재성이 증대될 것이다. 지역적으로 이렇게 복잡다단한 데 더해 다수의 핵보유국은 세계 어디서나 다른 국가를 공격할 만한 역량을 가질 가능성이 높다. 전 세계에 걸쳐 핵탄두를 발사할 수 있는 다수의 국가들 간의 관계가 안정화되는 것이 통합군에게는 매우 중요할 것이다. 확실한 2차 공격 역량과 상호 확증 파괴에 기초한 관계는 안정성을 높이겠지만 세계의 여러 지역에 대한 접근을 효과적으로 감소시킬 것이다. 반면 핵 균형이 깨지기 쉽고 핵전력이 취약하면 핵무기 경쟁국들에게 매력적인 목표물이 될 수 있다.

또한 대량파괴무기에 관해 논의하자면 국가와 함께 비국가행위자들의 생물학 무기의 잠재적인 사용에 관해 언급해야 한다. 어떻든 그런 무기는 제작이 용이해지고 있으며 ― 핵무기보다 제조하기가 더 쉽다는 것은 분명하다 ― 제대로 된 조건에서는 핵공격 규모의 대량살상이나 경제적 교란, 공포를 가져올 수 있다. 생물학 무기 개발과 연관된 지식은 광범위하게 이용 가능하고 생산 비용이 많이 들지 않으며 소규모 집단이나 심지어 개인도 쉽게 구할 수 있다.

6. 기술

　기술은 과거 수십 년 동안에 이룩한 것과 마찬가지로 기하급수적으로 발전을 지속할 것이다. 일부 전문가들은 미국이 기술의 세계적 혁신자로서 선두를 빼앗기거나 또는 어떤 적국이 기술적인 도약을 해서 군사적인 우위를 확보할 것이라는 우려의 목소리를 내고 있다. 그런 일이 가능할 수도 있지만 결코 기정의 결말은 아니다.

　대량파괴무기와 거리가 먼 기술이 확산될 것은 분명하다. 가정용 컴퓨터를 구입한 사람은 누구나 알고 있는 바와 같이 기술발전으로 역량은 항상 더 커지는데 비해 전반적인 비용은 내려간다. 무기 시장도 다르지 않다. 더 많은 집단이 재래식과 비재래식을 막론하고 더욱 발전된 무기를 더욱 싼 가격으로 입수할 수 있다. 이런 현상 때문에 상대적으로 자금이 많지 않은 국가와 민병대가 장거리 정밀 병기를 획득하여 이전보다 더 멀리 더 정확하게 군사력을 투사할 수 있을 것이다. 고성능 무기의 경우 대위성미사일이 일반에게 공개됨으로써 그 미치는 범위가 위성까지 확장되고 있음이 이미 알려졌다. 게다가 첨단무기 시장은 아무리 작은 행위자나 집단이라도 현금만 가지고 있으면 잠재적으로 힘을 부여한다. 석유 생산 소국이든 마약 카르텔이든 간에 현금만 있으면 치명적인 역량을 구입할 수 있다. 인력이 제약 요소라면 로봇공학의 발전이 값을 지불할 수 있는 자들에게 해결책을 제공한다. 이는 '초능력 게릴라'의 힘을 더욱 증폭시켜 정신을 번쩍 들게 할 가능성이 있다.

　세계화되고 연결된 과학·기술계에서는 획기적인 기술진보로 미국 과학자들을 불시에 따라잡을 가능성이 별로 없다. 과거에 기술과 관련된 진정한 문제는 단순히 어느 특정 국가가 적대국보다 훨씬 우수한 무기를 개발하는 것이 아니었다. 오히려 거의 모든 경우를 보면 중요한 요인은 군사조직이 어떻게 기술진보를 교리적·전술적 시스템과 통합시키느냐 하는 것이었다. 전쟁터에서 경악과 성공의 결과를 가져온 것은 그런 면에서의 성공과 실패였다. 1940년 프랑스의 탱크는 거의 모든 면에서 독일제보다 우수했다. 그런데도 독일군이 탁월한 우위를 점한 것은 탱크를 연합전투 팀으로 통합했기 때문이다. 전격전(Britzkrieg)에 관해 진짜 경악할 일은 독일군이 이용 가능한 새로운 기술을 가지고 전쟁터를 어떻게 이용하는지를 프랑스군이 상상할 수 없었다는 데 있었다. 독일군이 압도적인 승리를 거둔 것은 더욱 정교한 신무기체계를 보유했기 때문이 아니라 분권화된 연합전투 전술을 개발했기 때문이다.

따라서 군사조직이 신기술을 자신의 교리·개념과 통합시키는 데서 보여주는 상상력의 수준은 의심할 나위 없이 결정적으로 중요하다. 기술의 변화와 발명이 기하급수적 속도로 빠르게 진행되고 있다는 사실로 말미암아 군사역량의 큰 틀에 신기술을 적용하는 능력이 향후 수십 년 동안 한층 더 중시될 것이다.

치명적일 수 있는 유형의 기술적 경악에 관한 현행 사례는 적절한 보호 장비를 갖추지 않은 아군을 상대로 적군이 전자기파(electro-magnetic pulse: EMP) 무기(사람에게는 피해를 주지 않고 상대방의 전자 장비를 무력화하는 신종 무기—옮긴이)와 같은 교란적 기술을 배치하고 사용하는 것이다. 핵폭발 결과인 전자기파의 잠재적인 효과는 수십 년 동안 알려져 있었다. 비핵 전자기파 무기의 출현은 작전 및 기술상의 평형상태를 바꿔놓을 수 있다. 그러한 무기가 개발되고 있는데 과연 통합군은 그 같은 위협에 대처할 태세가 제대로 되어 있는가? 그러한 무기는 통합군이 각급 부대 수준에서 의존하고 있는 통신, 정찰, 컴퓨터 시스템에 가장 심각한 영향을 미칠 것이다.

끝으로 미국과 동맹국이 향후 25년 동안 기술 개발에 있어서 전반적인 선두를 유지할 것이라고는 확신할 수 없다. 미국의 중등 교육제도는 유력한 기술경쟁국, 예컨대 인도, 중국과 비교할 때 상대적인 의미로 쇠퇴하고 있는 것이 분명하다. 미국의 대학원 교육 프로그램과 연구실은 여전히 세계에서 가장 선진적이라서 전 세계의 최고급 과학 두뇌들이 모여들고 있다. 하지만 설령 다수의 외국 학생들이 미국에 남는다고 할지라도 현재 상당수가 귀국하고 있다. 교육제도를 개선하기 위한 대폭적인 변화가 없는 한, 미국은 장차 값비싼 대가를 치를 것이다.

기술, 교리 및 성공적인 적응

제2차 세계대전 발발 이후 2년 동안 레이더의 활용만큼 군대 조직에 기술을 통합하면서 전쟁에 대한 상상과 이해의 중요성을 분명하게 실증해준 것은 없었다. 주요 강대국 과학자들은 1930년대에 와서야 라디오파가 항공기의 비행 또는 바다에서 배의 이동을 탐지할 수 있는 가능성에 대해 주목했다. 국제적인 긴장상태가 악화일로를 걷고 있던 시기에 적 비행기가 제기하는 심상치 않은 위협 때문에 그러한 가능성에 대한 연구에 박차를 가했다. 1930년대 말 영국, 나치 독일, 미국 과학자들은 모두가 항공기의 고도, 방향, 속도 및 항공기 수를 파악할 수 있는 실행 가능한 역량을 개발했다.

독일은 기술적인 우수성을 감안한 때 가장 정교한 레이더를 개발했다는 사실이 놀랄 일은 아니지만 그런 기술적인 능력을 무기

체계에 통합하는 것은 영국에 뒤떨어졌다. 독일이 상상력을 발휘하는 데 실패한 사례로는 영국 본토의 공중전(Battle of Britain)이 가장 대표적이다. 1930년대 말 독일공군(Luftwaffe)은 레이더를 전투역량에 통합했지만 단지 일련의 지상요격 관제소에만 사용했으며, 각각의 요격 관제소는 방대한 방공 시스템과 직접 제휴하지 않고 독자적으로 운용되었다. 독일 공군이 방공 시스템을 구축한 것은 1943년 함부르크에 대한 연합군의 대공습으로 재앙을 겪은 이후였다. 그 시스템에서 레이더는 방공경보시스템에 대한 전체적인 접근방법의 통합된 일부를 형성했다. 그러나 영국은 이미 1940년 그러한 시스템을 사용하고 있었다. 과학정보관인 R. V. 존스는 자신의 회고록에서 다음과 같이 회상했다.

독일의 〔방공〕 철학은 단일 레이더기지가 반경 150킬로미터를 커버하고 그 범위 내의 모든 항공기를 탐지할 수 있다는 의미에서 경탄할 만한 장비가 있다는 식으로 대충 생각했다. …… 우리는 레이더 정보의 사용을 극대화하기 위해 레이더기지는 정보를 필요한 속도로 처리할 수 있는 통신망의 지원을 받아야 된다는 점을 실감한 데 반해 독일은 레이더기지를 레이더 정보의 장점인 속도나 처리 능력을 갖지 못한 기존의 관측소 망과 접합시키는 데 불과한 것처럼 보였다. …… 영국의 접근방법은 독일과 완전히 달랐다. 영국의 레이더기지는 섬나라 영국을 공중 방어하는 데 체계적인 접근방법의 눈을 형성했다. 그럼으로써 영국 공군사령관들은 정보를 이용, 독일의 폭격기 편대에 대항하여 수많은 허리케인과 스핏파이어 전투기를 안내할 수 있었다.[8]

처칠이 제2차 세계대전 회고록에서 언급한 바와 같이 "영국의
업적은 새로운 병기라기보다는 작전의 효율성이었다".[9]

7. 입방아 싸움

현대전은 단순히 전쟁터의 물리적인 요소를 초월하는 전투다. 이 중
에서 가장 중요한 것은 '입방아 싸움(battle of narratives)'(세인들이 일상적
으로 화제에 올리는 사건 관련 이야기 또는 해설을 의미하는 것으로 여론의 향
배를 좌우하며 사실 홍보 외에 허구 등 심리전 요소도 포함함—옮긴이)이 벌어
지는 미디어다. 우리의 적은 인식이 실제 사건만큼 중요하다는 사실을
이미 알고 있다. 테러리스트에게 인터넷과 매스미디어는 전략적·정치
적 목적을 달성하기 위한 포럼이 되었다. 노련한 테러리스트는 전투 활
동(테러 공격)을 시종일관된 전략적 커뮤니케이션 프로그램과 통합하는
것이 얼마나 중요한지를 강조한다. 미디어 메시지를 지배하는 것이 중
요함을 이해하는 것은 과격단체뿐만이 아니다. 러시아가 그루지야를 침
공할 때 군사작전을 미디어 공세와 동시에 수행하는 주요 국가의 모습
이 나타났다. 침공 후 며칠 내에 서방에서는 잘 알려진 소수 러시아인
패거리가 미국과 유럽의 주요 신문에 논설을 게재했다.

8 R. V. Jones, *The Wizard War*, British Scientific Intelligence, 1939-1945 (New
   York, 1978), p. 199.
9 Winston Churchill, *The Second World War, vol. I, the Gathering Storm* (Boston:
   Houghton Mifflin, 1948), p. 156.

입방아 싸움을 하려면 적을 잘 알아야 하며 적이 추종자들뿐만 아니라 세계 공동체의 인식에 영향을 미치려고 어떻게 시도할지 잘 알아야 한다. 이를 위해 적은 속임수를 쓰거나 사건을 질질 끌려고 교묘하게 시도하며 노골적으로 거짓말을 하기도 한다. 제3제국의 악명 높은 선전상 요제프 괴벨스가 언젠가 한마디 한 것처럼 큰 거짓말일수록 영향력이 큰 법이다. 적의 주장이 미국인들에게 얼마나 이상하게 보이든지 간에 정보활동 책임자는 메시지를 받는 사람들이 어떻게 이해할 것인지를 알아야 한다. 이와 관련해 잊지 말아야 할 것은 냉전 말 KGB가 아프리카 사람들에게 CIA가 AIDS를 아프리카 대륙에 퍼뜨렸다고 했던 선전은 아직도 아프리카 일부 지역에서 떠돌고 있다는 사실이다. 정보는 과거, 현재, 미래에 걸쳐 계속해서 전략적·정치적 무기가 될 것이다. 정보의 힘은 통신기술과 세계 미디어 밀도가 높아질수록 증가할 것이다. 하루가 지나고 나면 실제로 그날 발생한 것보다 그 발생한 것에 대한 인식이 더 중요하다.

군사작전이든 다른 일이든 활동상황에 관한 입방아를 지배하면 엄청난 이익을 챙길 수 있다. 그렇게 하는 데 실패하면 정책과 작전에 대한 지원이 무너지고 실제로 세계에서 한 국가의 명성과 입지에 피해가 간다. 예컨대 허리케인 카트리나 여파로 미국의 글로벌 위상이 급격히 떨어진 한편, 많은 미국사람들이 자국 정부의 대응에 대해 내린 가장 후한 평가는 부적절했다는 것이며, 최악의 평가는 잠복된 인종차별주의를 반영했다는 것이다. 하지만 실제로 재해가 발생한 첫 주말에 3만 8,000명의 연방군이 주 방위군과 지방 당국을 지원했다. 연방군은 약 10만 명에 달하는 이재민을 돌보았고 100만 명분 이상의 식사를 제공했으며 수만 명에게 의료 지원을 제공했다.

카트리나 때 취한 조치를 그 이전의 최대 재난인 허리케인 앤드류와 비교해보자. 앤드류는 발생한 지 1주일이 지나도록 단 한 명의 연방군도 구조 활동에 나서지 않았으며 배치 인원은 1,500명도 채 되지 않았다. 그런데도 연방정부가 취한 재해대책은 성공적인 것으로 평가된 반면 카트리나에 대한 대응 조치는 규모와 효율성 면에서 비교가 되지 않을 정도인데도 실패한 것으로 정평이 나 있다. 그렇게 인식된 데는 부적절한 전략적 커뮤니케이션 활동이 입방아를 장악하지 못했기 때문이다.

미국은 입방아 싸움에서 통합군 작전의 긍정적인 측면을 강조하기 위해 상당한 소프트파워를 동원할 수 있는 미국의 능력을 무시해서는 안 된다. 우리가 제공할 수 있는 긍정적인 조치 중 몇 가지를 예로 들면 인도적 지원, 재건활동, 현지 주민의 안전 확보, 군 대 군 연습, 의료 지원, 재난 구조 등이 있다. 지구상에서 어떤 나라도 미국 규모의 세계적인 군사력을 갖고 대응할 수 없는 것과 마찬가지로 수천 마일 떨어져 있는 지역에서 발생한 재난에 도움과 구조 활동을 제공할 만한 능력을 가진 나라 역시 미국밖에 없다. 신뢰와 확신을 구축하기 위한 이 싸움에서 이러한 모든 도구를 어떻게 사용할 것인지를 고려해야 한다.

지원 행동과 활동으로 강화된 미국의 의도를 제대로 전달함으로써 입방아에 영향을 미치는 일은 장차 한층 더 어려워질 것이다. 통신 기술을 점점 더 광범하게 이용할 수 있기 때문에 다양하기 이를 데 없는 미디어가 전 세계 여론에 영향을 미칠 것이다. 미국정부와 통합군은 이 분야에서 적보다 항시 훨씬 더 높은 기준이 적용될 것이다. 이미 통합군사령관들은 널리 보급된 미디어 존재, 확산된 블로그, 전쟁터로부터 거의 동시적으로 실리는 비디오, 이메일, 기지로 돌아오면 언제라도 집에 전화할 수 있는 병사 등에 대해 어떻게 대처할지 골머리를 앓고 있다. 장차 사령관들은 상상할 수 없을 정도로 빠른 전송 시설과 연계된 수많은 뉴미디어에 직면할 것이다. 우리가 모든 병사와 해병을 정보 수집요원으로 생각하기 시작했듯이 그들을 글로벌 통신 생산자로서 고려하기 시작해야 할 것이다. 오늘날 사령관들은 전략 하사관에 대해 언급하고 있는데, 이들의 행동이 광범위하게 보도되면 이는 전략적 영향을 미칠 것이다. 이런 일은 여전히 소홀하게 취급되어 세계의 이목을 끌기 위한 언론인 초청이 자주 일어나지 않는다.

과거에도 전투 작전의 성공은 언제나 전쟁터에서 판정받은 게 아니었다. 1968년 베트남전에서 미군은 적의 구정 공세(Tet Offensive, 1968년 1월 31일부터 26일간 진행된 북베트남 측의 공격으로, 북베트남 측이 구정 명절을 앞두고 연합군 측에 휴전 제안을 해놓고 미군이 외박, 외출을 간 사이 주요 도시에 대대적인 공격을 감행한 사건-옮긴이)를 격퇴했지만 미국에서 보도된 이야기는 전쟁수행에 대한 국민의 지지를 무너뜨리는 데 이바지했다. 이런 입방아 싸움에서 미국이 사용하는 무기는 메시지와 부합해야 한다. 설령 그것이 때에 따라 전술적 목표를 벗어난다는 것을 의미하더라도 그렇게 해야 한다. 입방아 싸움에서 승리하는 것이 언제나 중요하지만 향후 수십 년 동안 통신이 보편화되고 즉시적으로 이루어질 것으로 예상되는 환경에서는 이런 승리가 특히 절대적으로 긴요하다. 그런 사실을 인식하지 못하는 사령관은 미국 청년들의 목숨을 헛되게 위험에 빠뜨리는 결과를 가져올 수 있기 때문이다.

8. 도시화

2030년대까지 세계 80억 인구 중 50억 명은 도시에서 생활할 것이다. 그중에서 20억 명은 중동, 아프리카, 아시아의 대도시 빈민가에서 거주할 것이다. 더욱이 현재 세계 최빈곤층 10% 중 아시아에 사는 절반은 그 기간 동안 5분의 1로 감소하는 반면, 아프리카는 3분의 1에서 3분의 2로 늘어날 것이다. 대부분의 거대도시와 도시는 해안을 따라 또는 연해 환경에 자리 잡을 것이다. 너무나 많은 인구가 도시 밀집지역과 그 주변에 몰려 미래의 통합군사령관은 도시 지형에서의 작전 수행을 피할 수 없을 것이다. 인구가 우글우글하고 빈민가를 안고 있는 세계의 도시는 물리적으로 문화적으로 혼란하고 복잡하기 이를 데 없는 곳이다. 또한 질병이 발생하기에 가장 좋은 장소이며 인구밀도가 높아 전염병이 만연하기도 쉽다.

주요 도시가 역사적으로 붕괴한 적은 없다. 최초로 주요 도시가 출현한 18세기와 19세기에도 그런 일은 없었다. 1980년대의 베이루트와 1990년대의 사라예보는 엄청난 스트레스를 받았음에도 단기간 동안 식량 공급과 기초 서비스가 제대로 되지 않은 적은 있었지만 생존할 수는 있었다. 제2차 세계대전의 경우와 같이 조직된 적군과 대치하지 않는 한, 도시지역은 언제나 촌락보다 통제하기가 용이하다. 그것은 부분적으로 도시가 기존의 행정 인프라를 제공하기 때문이다. 군대는 그런 인프라를 통해 전투 지역에서 안정화 작전을 수행하면서 확보된 지역을 관리할 수 있다. 앞으로 등장할 도시 팽창 지역에서는 대규모 인구 유입, 에너지 수요, 식량과 물 부족 등 이전에 경험하지 못한 골치 아픈 문제로 인해 기존 인프라의 유효성이 시험대에 오를 것이다. 그런 인프라를 활용하려면 과거 어느 때보다도 문화적·정치적 지식이 필요할 것이다.

도시 작전을 수행하려면 불가피하게 인도주의, 치안, 구조, 재건 등의 활동과 교란·파괴활동을 균형 있게 추진해야 한다. 또한 군사적으로 효

주요 도시 환경

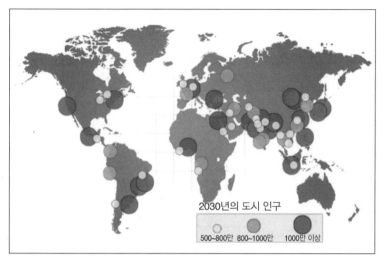

2030년의 도시 인구

500~800만   800~1000만   1000만 이상

- 2007년 세계 인구 중 50%는 도시에서 생활
- 2030년까지 인류의 65%(55억 명)는 도시에서 생활
- 거대도시는 대양 근처에 위치하며 심각한 환경적·사회적·정치적 압박을 받음

출처: United Nations World Urbanization Prospects

과적인 작전은 민간인 사상자를 대규모로 발생시킬 잠재성이 있다. 그 결과 정치적 재앙이 될 가능성이 매우 높다. 특히 미디어가 편재하는 상황을 고려하면 그렇다.

마찬가지로 도시 환경에서 수행하는 작전의 특성은 분권화된 지휘와 통제, 정보·감시·정찰(Intelligence, Surveillance, and Reconnaissance: ISR), 화력 지원, 항공에 비중을 둔다. 전투 지휘관은 기회가 순간적으로 사라져 버릴 수 있는 상황에 대응해 전술 지휘관이 독자적으로 행동할 수 있는 수준까지 의사결정권한을 지속적으로 하방 위임할 필요가 있을 것이다.

제 4 장

통합군을 위한 시사점

질서냐 혼란이냐는 조직화에, 용기냐 비겁이냐는 환경에, 강하냐 약하냐는 작전계획에 달려 있다(亂生於治, 怯生於勇, 弱生於强. 治亂, 數也. 勇怯, 勢也 ; 强弱, 形也).

이리하여 능란한 자는 적이 순응해야 하는 상황을 조성함으로써 적을 움직이게 만든다. 능란한 자는 적이 반드시 취할 것을 가지고 유인하며, 눈에 보이는 이익을 미끼로 해 모여서 적을 기다린다(故善動適者, 形之, 適必從之, 予之, 適必取之, 以利動之, 以卒待之).

그러므로 능란한 장수는 상황에서 승리를 구하며 부하들에게 승리를 요구하지 않는다(故善戰者, 求之於勢, 不責於人).[1]

─손자

---

1 Sun Tzu, *the Art of War*, p. 93.

불확실한 세계에서는 미국을 직접 공격하거나 미국과 동맹국 그리고 세계경제를 떠받치는 정치적·경제적 안정을 저해하려는 적이 있기 마련이며 그러한 세계에서는 군사력이 결정적 역할을 수행할 것이다. 미국이 이라크와 아프간에서 경험했듯이 예견하지 못한 2차적, 3차적 효과를 발생시키지 않는 신속하고 단호한 작전 같은 것은 존재하지 않는다.

적과 싸워 이기는 능력이 미군의 가장 중요한 임무였지만 분쟁을 억지하는 미군의 능력도 대등한 지위에 오르게 되었다. 전쟁 예방은 전쟁 승리만큼이나 중요해질 것이다. 사실 그 두 가지 임무는 공생관계로 직접 연계된다. 잠재적 적을 억지하는 능력은 군사작전의 전 범위에 걸쳐서 미군의 행동 역량과 효과성에 달려 있다. 억지력은 또한 미국이 국익을 방어하기 위해 군사력을 사용할 것이라는 적의 믿음에 달려 있다.

철의 장막이 걷힌 이후 미국은 전력을 전진기지에서 빼고 본토의 군사력 구조를 요새화하는 등 전 세계 미군의 재배치를 계획했다. 그 대신 통합군은 거의 항시적인 해외 분쟁에 개입했으며 본토 주둔 전력은 중동 등 세계 각지로 투사하면서 교대가 벅차게 되었다. 아프간과 이라크에서 작전이 연장된 이후 미군은 지금 조직재편 및 균형재조정 시기를 맞고 있는데 이 작업은 상당한 물적·지적·도덕적 노력을 요하며 완성하기까지 10년이 걸릴지도 모른다. 이 기간 동안 통합군은 전 세계에 걸쳐 전진 개입할 수 있는 억지 태세 및 규모와 역량을 유지해야 하는 과제, 즉 현장에 투입되어 전쟁을 예방하는 동시에 승리하는 길로 나아갈 능력을 보여주어야 하는 과제를 안게 될 것이다.

1. 21세기의 전쟁

앞서 검토된 트렌드와 환경이 시사하는 대로 통합군의 역할과 임무는 본토 보호, 세계 공유자산 유지, 잠재적 적 억지, 그리고 필요할 경우 세계 도처에서 발생하는 분쟁에서 싸워 이기는 것을 포함한다. 그러한 과제는 그 자체로 매우 벅차지만 기술적·전략적·경제적 급변으로 특징지어지는 시기에 등장하며 모두가 국제환경 및 군사력 사용의 복잡성을 가중시킬 것이다. 거의 모든 측면에서 선례가 없을 세계 속의 미국의 위치로 인해 미군은 계속해서 엄청난 과제를 안게 될 것이다.

앞에서 살펴본 환경 속의 급변하는 트렌드는 전쟁 그 자체와 통합군이 수행할 전쟁 방식에 관해 시사하는 바가 클 것이다. 그러나 전쟁의 성격은 스타트렉보다는 아쟁쿠르전투(영국·프랑스 간 100년 전쟁의 일부로서 1415년 발생한 진흙탕 전투─옮긴이)에 더 가까울 것이다. 본질적으로 전쟁이란 항상 두 창조적인 인간세력 간의 싸움이기 마련이다. 우리의 적도 항상 배우고 적응하고 있다. 적이 우리와 비슷한 개념과 이해를 가지고 분쟁에 접근하지는 않는 법이다. 기술·개념화·세계화가 아무리 진전되어도 이러한 현실은 바뀌지 않을 것이다. 더구나 군사력 동원은 계속해서 정치에 의해 제약될 것이다 ─ 이는 미국과 동맹국뿐만 아니라 적도 마찬가지다. 무엇보다도 통합군사령관·참모·부하들은 군사작전을 수행하는 전략적·정치적 목표를 분명하게 이해해야 한다. 거의 모든 경우에 이들은 연합국 파트너와 긴밀히 협력하게 될 것인데, 미국의 정치적 목표뿐만 아니라 연합의 목표도 철저하게 이해하도록 요구될 것이다.

미국인에게 가장 경악스런 일들이 이러한 정치적·전략적 환경에서 닥칠 것이다. 미국은 1915년 이후로는 경제적으로, 1943년 이후로는 군사적으로 세계를 지배해왔다. 그 양면에서의 미국 지배는 이제 강대국들의 부상으로 인해 도전을 받고 있다. 더구나 이들 강대국 부상으로 인해 경제적 통합이 지속되더라도 상당한 불안정을 내포한 전략적 환경과 국제체제가 탄생할 것이다. 지배적 강대국이나 비공식적으로 체계를 세우는 틀이 없다면 그러한 체제는 분쟁으로 치닫기 쉬울 것이다. 그러한 불안정이 어디서 어떻게 나타날지는 불투명하고 불확실하다.

지금부터 2030년대까지의 기간에 미군이 전투에 개입하는 상황이 발생할 것은 거의 확실하다. 그러한 개입은 대규모 정규전 형태나 일련의 반군 진압전으로 나타날 수 있을 것이다. 그리고 이 보고서가 시사한 대로 미군은 테러단체뿐만 아니라 그 후원자들과도 맞설 것이 확실하다. 미국의 전략가와 군사기획자들이 직면하는 큰 난제 중 하나는 전쟁의 형태, 장소, 개입 수준, 잠재적 동맹국의 기여, 적의 성격 등이 불확실한 상태에서 전쟁에 대비해야 한다는 것이다. 유일하게 확실한 것 하나는 통합군이 미국과 동맹국의 적에 대항해 중요 이익을 방어하기 위해 분쟁에 개입할 것이라는 점이다.

2. 전쟁 준비

지금부터 2030년대까지의 기간에 통합군이 직면할 두 개의 불길한 시나리오가 있다. 첫째 시나리오는 한 강대국 또는 적대적 국가동맹과 벌이는 대규모 전쟁으로서 가장 참혹할 것이다. 핵무기 확산을 감안하면 그러한 분쟁에서는 핵무기가 사용될 가능성이 상당히 크다. 현재로서는 대규모 정규전이 동면 상태에 있지만 우리는 1929년 영국정부가 향후 10년간 대규모 전쟁이 일어나지 않을 것이라는 가정을 방위계획의 기본원칙으로 삼았음을 잊어서는 안 된다. 1930년대 중반까지 그 '10년 방침'이 영국의 방위지출을 불구로 만들었다. 1939년 3월까지 영국 정치가들은 전쟁 가능성을 생각할 수 없었다.

미군 개입, 특히 핵무기가 개입된 대규모 분쟁을 억지하는 한 가지 접근방법은 어떠한 분쟁이라도 미국이 승리할 수 있는 역량을 유지하는 것이다. 로마인들이 적절히 말했듯이 "평화를 바란다면 전쟁을 준비하라". 대부분의 경우 전쟁 예방이 전쟁 수행보다 중요하게 될 것이다. 장기적으로 미국 군사력의 일차적 목적은 억지여야 한다. 왜냐하면 전쟁이란 형태와 경위가 어찌됐든 생명과 국부 양면에서 엄청난 대가를 치르는 일이기 때문이다. 그러나 억지가 실패하면 그때는 미군의 군사적 효과성이 결정적이 될 것이다. 이 때문에 여러 훈련소에서 이루어지는 미군의 분쟁 대비 노력은 미래에도 과거 30년과 같은 수준의 지원과 관심을 계속 받아야 한다. 17세기 일본의 무사이자 논객인 미야모토 무사시는 다음과 같이 적었다.

모든 일에는 박자가 있다. 그러나 병법의 박자는 연마하지 않고는 터득하기 특별히 어렵다. …… 전투에서 이기는 길은 적의 박자를 알되 스스로는 지혜의 박자로 무정형의 박자를 만들면서 예상 밖의 박자를 사용하는 것이다.[2]

---

2 Quoted in Thomas Cleary, *The Japanese Art of War*, Understanding the Culture Strategy (Boston, 1992), p. 38.

통합군이 직면할 둘째의 불길한 시나리오는 우리가 싸우고 있는 비정규전을 인식해 충분히 대항하지 못하는 것이다. 광범위한 위협에 대처하기 위한 필요조건을 갖추는 것은 지금부터 2030년대까지의 기간 중 미군에게 특별히 힘든 일이 될 것이다. 정규전 및 핵 위협에 대처하기 위한 훈련이 힘들다고 해서 베트남전 이후 수십 년간 그랬던 것처럼 비정규전 준비가 뒷전으로 밀려나서는 안 된다. 무엇보다도 미국인은 미래의 적이 1991년과 2003년의 사담 후세인 정권처럼 어리석고 무능할 것이라는 잘못된 믿음에 빠져서는 안 된다. 미래의 적은 정규전과 비정규전 양면에서 미군의 역량을 보았기 때문에 '미국의 전법'을 아주 상세하고 철저하게 이해할 것이다.

이라크와 아프간에서 우리의 적은 정치와 전술 양면에서 상당한 학습 및 적응 능력을 보여주었다. 더욱 지능적인 적은 분명 미국의 취약점을 공격할 것이다. 예를 들어 컴퓨터, 우주, 통신시스템 등에 대한 공격이 미군의 지휘·통제를 심각하게 손상시키는 것은 전적으로 가능한 일이다. 따라서 미군은 손상된 조건에서 효과적으로 작전할 수 있는 능력을 보유해야 한다.

미래의 분쟁을 기획함에 있어 통합군사령관과 기획관은 병참과 접근이라는 두 가지 중요한 제약조건을 계산에 넣어야 한다. 대다수 미군 병력은 주로 북미에 주둔할 것이다. 따라서 미군의 개입과 관련된 첫째 문제군은 병참일 것이다. 1980년대 다수의 방위 전문가들은 제2차 세계대전 시 미 군부가 병참을 지나치게 강조했다고 비판하는 한편 독일 육군의 최소한의 '이와 꼬리(본대와 후미를 지칭—옮긴이)' 비율을 찬양했다. 그들은 미국이 2개의 대양을 가로질러 군사력을 투사한 다음 유럽과 동아시아에서 엄청난 소모전을 벌여야 했다는 사실을 간과했다. 궁극적으로 미군과 연합군의 뛰어난 병참술은 효과적인 전투력으로 전환되어 서부전선에서 독일 육군을 패퇴시키고, 독일 상공에서 독일 공군을 박살냈으며, 일본 제국의 힘을 무너뜨렸다.

거리로 인한 횡포는 항상 미국의 전쟁 수행에 영향을 줄 것이다. 그리고 통합군은 병력을 장거리 이동시켜 자신들에게 연료, 탄약, 수리부품, 음식 등을 보급하는 일과 관련된 문제에 직면할 것이다. 이 점에서 '적시' 배달과 비교해 일정량의 과잉이 항상 필요하다. 전투를 벌이고 있는 통합군에 보급이 제대로 이루어지지 않는다면 단순히 바닥난 보급품이 아니라 재앙이 될 수 있다. 그 소요를 파악하는 것은 기획의 첫 단계에 해당하지만 가장 중요하다고 해도 무리는 아니다.

지난 60년간 미국의 군사력 투사를 가능하게 만든 결정적 요인은 미국이 세계 공유자산을 거의 완전히 통제했다는 점이다. 미국의 관점에서 보면 1943년 독일의 U보트 위협을 패퇴시킨 대서양전투는 제2차 세계대전에서 가장 중요한 승리였다. 미래의 모든 군사력 투사도 그와 비슷한 능력을 갖추는 노력이 필요하며, 나아가 세계 공유자산이 이제는 사이버 및 우주 영역으로 확장되었음을 인식해야 할 것이다. 통합군은 이 모든 영역에서 접근과 병참 지원이 '단편적 안전(single-point safe)' 이상이 되고 적의 단일 지점 공격에 의해서는 방해받을 수 없도록 보장하기 위해 과잉 구조를 유지해야 한다.

최근 두 번의 이라크 전쟁에서 적은 미군의 전역 진입을 거부하는 노력을 기울이지 않았다. 그러나 미래의 적은 그처럼 쉽게 받아들이지 않을 것이다. 그래서 기획관이 부딪히는 둘째 제약은 미국이 군사력을 투사할 수 있는 인접 지역 기지로 저항 없이 접근하지 못할 수도 있다는 점이다. 최선의 경우에도 미군 도착에 필요한 기지 구조를 제공하는 데 동맹국이 필수적일 것이다. 그러나 군사력 투사를 위한 무저항의 기지 접근이 아예 불가능한 경우도 있을 것이다. 이는 주변국이 적대적이기 때문이거나 작은 우방국이 겁을 먹었기 때문일 것이다. 그러므로 바다와 공중으로부터 기지를 힘으로 장악할 수 있는 능력은 작전의 중요한 개시 행동이 될 수 있을 것이다.

세계 무기시장에서 정교한 무기들이 확산되고 있음을 감안하면 잠재적 적이 비교적 소국이라도 일련의 장거리·정밀무기를 보유·배치할 수 있을 것이다. 미국의 적이 수중에 넣은 그러한 역량은 미군이 의존하는 병참 흐름을 공격할 뿐만 아니라 분명히 병력의 전역 투입을 위협할 것이다. 이리하여 미군이 작전 전역에 투입되어 대적하기 시작하더라도 군사력 투사가 장거리 무기체계에 대응할 수 있는 능력에 볼모로 잡힐 수 있을 것이다. 접근을 확보하기 위한 싸움은 가장 중요할 뿐만 아니라 가장 힘들 수도 있다.

지난 반세기 동안 미국이 잠재적 공격자를 억지하고 군사력을 투사하는 데 성공한 주요한 요소 중의 하나는 멀리 떨어진 육지의 해안을 따라 미 해군이 진주해 있었기 때문이다. 게다가 그러한 해군은 자연재해가 발생했을 때에도 구조 임무에 엄청난 진가를 발휘했으며 미래에도 이는 계속 중요한 요소가 될 것이다. 그러나 정밀·장거리 미사일의 증가와 함께 주둔군이 노출된 위치에서 적 행동의 제1차 목표가 될 위험도 커지고 있다.

3. 21세기의 군사작전 수행

미래전의 각종 형태는 제각기 독특한 난제를 통합군에 안길 것이다.

미국은 중대한 국익을 지키기 위해 필요하다면 혼자서도 행동할 준비가 되어 있지만 적절한 경우에는 파트너를 리드도 하면서 파트너와 함께 싸우고 작전하는 전략을 항상 추구할 것이다. 그러나 분쟁 형태를 서로 구별해주는 경계선이 거의 없을 확률이 높다. 정규전에서도 잠재적 적은 미국과 사활을 걸고 하는 싸움이기 때문에 미군을 전방위적인 분쟁으로 끌어들일 것이다. 따라서 통합군은 급식, 정보·감시·정찰(ISR) 역량, 지휘·통제망 등에 대한 공격을 기대해야 한다. 통합군은 미래의 적이 미국 본토에 대한 테러 공격과 비재래식 공격을 모두 감행할 것으로 기대할 수 있으며, 세계 공유자산을 따라 이동하는 미군은 집요하고 효과적인 공격을 받을 수 있다. 이 점에서 가까운 과거가 반드시 미래의 지침이 되는 것은 아니다.

공격 및 일정 형태의 전쟁 억지는 계속 미 국가안보전략의 주요 요소가 될 것이며, 억지 이론의 기초는 수천 년의 인류역사에서 적용되었듯이 미래에도 적용될 것이다. 억지 작전은 세 가지의 미래 합동작전환경에 의해 심대한 영향을 받을 것이다.

첫째, 미국의 억지 전략·작전은 복수의 잠재적 적을 상대하도록 짜야 한다. '획일적(one-size-fits-all)' 억지 전략은 미래의 합동작전 환경에서 충분하지 않을 것이다. 구체적 위협에 맞춘 억지 정책은 개별 적의 독특한 의사결정 셈법에 영향을 미칠 수 있어야 한다.

둘째, 미래의 합동작전 환경에서 초국가적 비국가행위자의 역할이 증가함에 따라 미국의 억지 작전도 그러한 적에 대해 억지력을 발휘하는 새로운 혁신적 접근방법을 취해야 할 것이다. 비국가행위자는 억지 관점에서 보면 여러모로 국가행위자와 다르다. 비국가행위자의 경우, 대개는 우리가 억지 작전을 통해 영향을 미치려는 핵심 결정을 정확히

누가 내리는지 알기가 더욱 어렵다. 비국가행위자는 또한 국가와 다른 가치구조 및 취약성을 가지는 경향이 있다. 그들은 흔히 리스크가 있는 주요 유형 자산을 거의 보유하지 않으며, 때때로 이념이나 신학에 의해 동기가 부여됨으로써 억지가 (항상 불가능한 것은 아니지만) 더욱 어려워진다. 비국가행위자는 흔히 자신들의 활동을 국가행위자의 적극적이고 암묵적인 지원에 의존한다. 끝으로 비국가행위자에 대한 우리의 미래 억지 작전은 통상 국가 대 국가 관계를 특징짓는 확립된 의사소통 수단이 없기 때문에 힘들 것이다.

셋째, 대량파괴무기의 지속 확산으로 인해 점차 미국이 타 행위자의 억지 작전의 대상이 될 것이다. 그 자체로 미국은 (적의 억지 논리를 저지할 수 없다면) 행동의 자유를 제약받는 처지에 놓일 것이다.

미국의 핵전력은 미래의 합동작전 환경에서 우리의 주요한 이익에 대한 위협을 억지하고 유사시 격퇴하는 데 결정적 역할을 계속 발휘할 것이다. 게다가 미국의 안보 이익은 미국의 핵전력이 세계의 질서와 안보를 지탱하는 것으로 간주될 정도로 진보할 것이다. 이러한 취지에서 미국은 국제사회에서 도덕적 의무와 법의 지배에 충실해야 한다. 미국은 다양한 행위자들이 핵기술을 이용할 수 있는 세상에서 윤리적이고 책임감 있는 핵 강대국으로서 본보기를 보여야 한다. 그래야 비로소 미국의 강력한 핵전력 보유가 우방국과 동맹국을 안심시켜 세계질서를 지탱할 것이다. 다시 말해 우방국과 동맹국은 세계적인 핵확산 증가 문제에 직면해 자체적으로 핵 역량을 추구할 필요가 없다고 확신할 것이다.

불행히도 우리는 상상할 수 없는, 즉 억지가 통하지 않는 인정사정없는 적이 핵무기 등 대량파괴무기를 사용해 미국의 주요한 이익을 공격할 가능성을 생각해야 한다. 억지 및 방어 두 가지 목적을 위해 우리의 미래 전력은 광범위한 대응 방안을 제공할 수 있도록 충분히 다양해야 하며 운용 면에서도 신축적이어야 한다. 우리의 통합군은 또한 핵 등 대량파괴무기 환경에서 살아남아 싸울 수 있는 인정받는 역량을 갖추어야 한다. 이러한 역량은 미래의 합동작전 환경에서 억지 및 효과적 전투작전 양면에 있어서 필수적이다.

우리가 여러 가지 전쟁 방식을 깔끔하고 편리한 범주로 분류하는 작업을 계속하지만 미래의 적은 똑같은 시각을 갖지 않으며 서방의 전쟁 관례를 고수하지도 않는다는 점을 인식해야 한다. 사실 분쟁의 스펙트럼을 보면 미세한 요소들이 많으며 전쟁의 '잡종(hybrid)' 유형이 나타날 가능성이 크다. 이러한 평가는 정규전 형태와 비정규전 형태의 혼합을 인정하며, 테러단체와 초국가적 범죄의 수렴도 식별했다. 일부에서는 여러 가지 방식의 분쟁과 통치권 도전의 혼합까지 미래 작전환경의 일부로 가정했다. 사실 역사의식이 있는 사람에게는 그러한 접근방법이 새로울 게 없다. 미국 독립전쟁 시 남부 전투, 20세기 초 보어인들이 사용한 첨단 유럽 무기와 전술, 윌리엄 슬림 장군의 미안마전쟁 등은 비정규적 방법의 확산 성질과 근대 무기를 결합함으로써 얻을 수 있는 결과를 보여주는 사례들이다. 21세기 전쟁도 마찬가지로 승리 획득을 위해 사용되는 방법들을 분명하게 구분하지 못할 것이다. 미래의 적은 우리를 꺾을 것이라고 판단되는 방법, 전술, 기술을 뭐든지 다 이용할 것이다.

통합군사령관이 미군에 대한 적의 핵무기 사용 가능성을 고려해야 할 이유가 있다면 장래 언젠가 미국 이외의 두 교전 당사국이 상호 핵무기를 사용할 가능성도 있다. 최근에 인도와 파키스탄이 카슈미르 접경지역에서 끊임없이 발생하는 사소한 충돌을 넘어 무장분쟁에 근접한 적이 있다. 인도의 재래식 전력이 엄청나게 우월한 점을 감안하면 그러한 분쟁이 핵 교환을 야기할 수 있을 것이라고 믿을 만한 상당한 이유가 있다. 핵무기가 사용되는 어떠한 경우에도 해당되지만 그 결과는 대량 학살, 통제되지 않는 난민 이동, 사회적 붕괴 등과 같은 무서운 인류 재난이 될 것이다. 하루 24시간 주 7일 가동되는 뉴스 보도를 감안하면 고통을 완화하기 위해 미군 등 외국군의 진주가 거의 불가피할 것으로 보인다.

핵전쟁과 대규모 정규전이 통합군이 직면할 수 있는 가장 중요한 분쟁이지만 그 확률은 가장 낮다. 비정규전 가능성이 더 크며, 비정규 분쟁에서 이기는 것은 미국의 중대 국익을 보호하고 세계의 안정을 유지하는 데 마찬가지로 중요해질 것이다.

주요 비국가행위자의 존재는 미래 작전환경의 주요한 구성요소가 될 것이다. 초국가적 네트워크를 가진 다수의 단체가 이미 세계질서에 위협으로 등장했다. 이러한 기생 네트워크는 세계적 통신망 발달에 힘입어 충원, 훈련, 조직, 연결 등이 가능해짐으로써 존재한다. 국내, 지역, 국제 질서를 초월하거나 전통적 국가권력에 도전하려는 공통된 욕망이 그들의 문화와 정치의 특징이다. 그것만으로 기존의 법과 관습은 그들의 활동과 행동에 아무런 장애가 되지 않는다. 이러한 단체들은 또한 점차 정교해지면서 상호 연결과 무장이 잘되고 있다. 이들이 세계의 미디어 정교화, 치명적 무기류, 문화의식의 잠재적 향상, 정보 등을 더욱 잘 흡수함에 따라 이들의 위협이 현재보다 상당히 커질 것이다. 더구나 초국가단체는 번거로운 관료적 절차가 없기 때문에 이미 고도의 적응력과 기민성을 과시하고 있다.

비정규 적은 선진 제국의, 자신들을 반대하는 관습과 도덕적 금지를 이용할 것이다. 한편으로는 통합군은 국제적으로 승인된 '전쟁법(laws of law)' 및 미국이 서명한 법적 구속력 있는 조약을 존중하고 준수할 의무가 있다. 다른 한편에서는 미국의 적, 특히 비국가행위자들은 그처럼 제약을 받지 않을 것이다. 사실 그들은 미국과 미국의 파트너에 대항해 법과 관습을 이용할 것이다.

비정규전도 종당에는 모든 전쟁에 똑같이 적용되는 기초 역학, 즉 정치적 목적, 갈등, 인간의 약점, 인간적 열정 등에 종속된다고 한다. 그렇지만 비정규전이 발생하는 배경에는 상당한 차이가 있다. 마오쩌둥이 시사한 대로 비정규전에서 초기의 접근방법은 일반적으로 정규군과 정면으로 맞서지 않는 것이다. 마오쩌둥에 의하면 그보다는 상대가 가장 약한 곳을 공격해야 하며, 이때는 대체로 상대의 정치·치안 구조물을 타격한다. 비정규 적은 통치권을 대표하는 개인 또는 지방 경제 구조에서 중요한 개인, 즉 행정관, 경찰관, 부족장, 교사, 그리고 누구보다도 기업인, 특히 주민들에게 인기 있는 기업인을 공격할 것이다. 만일 통합군이 그러한 상황에 부딪힐 경우 그 지방의 문화와 정치 상황을 깊이 이해하는 일이 성공의 바탕이 될 것이다.

과거의 비정규전이 시사하는 바에 의하면 비정규 적과 대결하는 군사조직은 '적 이외의 것'을 이해해야 한다. 여기서 문제는 분쟁의 성격뿐만 아니라 마오쩌둥의 유추를 인용하자면 적이 그 속에서 헤엄치는 '인해(human sea)'를 이해하는 것이다. 미군이 비정규전 수행 시 부딪힐 커다란 어려움은 '지상 병력(boots on the ground)'이 장기간 실질적으로

헌신해야 한다는 점뿐만 아니라 그러한 분쟁의 문화적·종교적·정치적·역사적 배경을 철저히 이해해야 한다는 점이다. 비정규전에서 재빨리 승리를 거둘 수 있는 '신속하고 결정적인 작전'은 없다. 미군은 결정적인 작전 대신 일관되고 응집된 전략적·정치적 접근방법을 인내심을 갖고 장기적으로 수행해야만 승리를 달성할 수 있다.

이러한 응집된 접근방법은 또한 다른 정부기관의 역량도 고려해야 한다. 흔히 기관 간 협력은 국방부와 여타 기관 간의 상대적 자원 불균형 때문에 힘들다. 이러한 이유로 통합군의 입장에서는 임무 달성을 위해 완수해야 하는 과제와 정부기관 공동체가 효과적으로 참여케 하는 것 사이에 긴장관계가 존재할 수 있다. 궁극적으로 비정규 적에 대항하는 전쟁은 현지 보안군이 결국 승리할 수 있는 것이다. 더구나 성공의 지표는 직관에 반한다. 즉 교전 횟수, 노획 무기, 적 사망자 등이 적을수록 더 성공적이다.

비정규전에서는 적이 주민들 속에서 생존할 수 있는 능력을 거부하기 위한 목적에서 현지 주민의 치안을 확보하는 능력과 현지 경찰과 군 병력이 책임 구역을 통제하도록 충분한 힘을 키워주는 능력이 지극히 중요하다. 게다가 통합군은 현지 경찰과 군 병력이 주민의 반대가 아니라 지원을 받으면서 활동할 수 있도록 정치적 정통성을 발전시키는 데 기여해야 한다. 모든 경우에 화력 사용이 필요하겠지만 비살상 활동과 균형을 이루어야 한다. 토착 세력에게 수준 높은 고문관을 제공하는 것도 똑같이 중요할 것이다. 궁극적으로 미군은 대반란활동을 승리하거나 토착세력이 정통성 있는 정부 당국으로 간주되도록 보장할 수 없는바, 오직 현지인만이 지속적 승리를 담보하는 요소를 심을 수 있다.

현재 지구상의 인구 변동 및 이동 추세를 보면 도시의 중요성이 증가하고 있다. 도시의 경관은 꾸준히 복잡함을 더하고 있고 거리와 슬럼은 어른들과 연계가 거의 없는 젊은이들로 가득하다. 도시 환경은 물 부족, 인구 증가, 식품·생계비용 상승 등에 쉽게 노출되며, 노동시장에서는 노동자들이 레버리지, 즉 협상력을 거의 갖지 못한다. 이러한 혼재는 틀림없이 말썽의 소지를 내포한다.

이에 따라 통합군은 거의 불가피하게 도시에서 전투 또는 구조 활동을 벌이게 될 것이다. 도시지역은 적이 활동을 은폐하기 위해 무고한 시민 신분으로 가장하면서 은신·집합·분산하기에 용이한 환경이다. 그들은 또한 폭포처럼 쏟아지는 정치적 효과를 겨냥해 인프라 연결 마디를 공격하고자 상호 연결된 도시 지형을 이용할 수도 있을 것이다. 도시는 조밀한 빌딩 경관, 집약적 정보환경, 복잡성 등 지리적 특성으로 인해 적이 방어활동을 하기가 훨씬 더 수월하다. 레닌그라드, 스탈린그라드, 서울 및 후에(베트남 도시)에서 엄청난 사상자를 낸 시가전은 모두 "최하책이 도시를 공격하는 것이다. 대안이 없을 때만 도시를 공격하라"[3]라고 경고하는 손자의 지혜를 우울하게 증언하고 있다.

도시 지형에서 싸우는 것 외에 대안이 없다면 통합군사령관은 예하부대가 모든 범위의 군사적 임무에 걸쳐 연장된 작전을 수행하도록 준비시켜야 한다. 통합군사령관은 어떠한 도시 군사작전도 다수의 부대를 동원해야 하며 실제 도시 전투는 놀라운 비율로 인력을 소모할 수 있다는 점을 인식해 그렇게 해야 한다. 더구나 도시 지형에서의 전투는 통합군사령관에게 다수의 난제를 안길 것이다. 빌딩과 인구가 조밀하기 때

---

3 Sun Tzu, *the Art of War*, p. 78.

문에 수많은 민간인 희생자뿐만 아니라 부수적 피해가 발생할 가능성까지 감안한다면 운동성 무기 사용이 금지될 것이다. 그러한 금지로 인해 미군 사상자가 증가될 수 있을 것이다. 다른 한편으로 부수적 피해는 '입방아 싸움'에서 승리하는 데 어려움을 가중시키는 법이다. 부수적 피해가 일으키는 정치적 파장의 재난이 얼마나 심각한지는 한 미군 장교가 베트콩의 구정 대공세 도중 미군이 "한 마을을 지키기 위해 그 마을을 파괴해야 했다"라고 언급한 결과를 통해 알 수 있다. 그 언급은 미국 전역에 반향을 일으켰으며 베트남전에 대한 정치적 지지를 부식시키는 데 기여하는 한 요인이 되었다.

테러리스트는 선배나 동료로부터 배울 수 있기 때문에 관료적 장애를 극복하고 적응과 혁신을 진행해야 하는 방해에 부딪히지 않을 것이다. 우리는 또한 테러단체가 활동 자금을 조달하기 위해 마약업자와 같은 범죄조직과 결합하는 추세에 주목해야 한다. 그러한 협력 활동에 힘입어 테러리즘과 범죄조직은 더욱 위험해지고 위력적이 될 것이다.

대테러 작전 때문에 특수부대는 계속 바빠질 것이며, 통상 부대는 점차 지원 및 보충 역할에 종사할 것이다. 중동에서 분쟁이 지속될 경우 대테러전은 현행 수준에 머무르지 않고 사실상 악화될 것이다. 테러활동의 증가가 에너지 공급 또는 대량파괴무기와 교차하는 곳에서는 통합 군사령관이 즉각적인 조치 필요성에 직면할 것인바, 그러한 조치는 상당한 통상 역량의 동원을 요구할 수 있다.

끝으로, 지속적인 언론보도가 무력 사용에 관한 서방의 태도 변화 및 미국의 군사작전에 영향을 주기도 받기도 할 것이라는 점을 우리는 강조해야 한다. 병력이 투입되고 있는 상황에서 매우 중요한 것은 세계무대에 올려지는 입방아일 것이다. 통합군사령관은 그러한 입방아를 만들고 영향을 주는 일을 특별히 강조해야 한다는 사실을 스스로 이해해야 한다. 더구나 통합사령관은 미국의 적이 자신들의 입방아를 만들어 소통시키려는 노력에 대해 경계하고 반격할 태세가 되어 있어야 한다. 적은 현지의 문화적·사회적 구조 내에서 활동할 수 있기 때문에 그러한 노력을 복합적으로 기울일 것이다. 이 점에서 남들이 세계를 보는 시각을 이해할 수 있는 미국인의 능력이 장려된다.

4. 직업적 군사 교육: 미래를 결정하는 관건

2030년대의 장래 합참의장 및 각 군 참모총장은 지금 대위나 중위로 복무 중이다. 2030년대의 장래 전투사령관 및 모든 제독과 장성은 현재 현역으로 복무하고 있다. 2030년의 통합군의 부대주임상사들도 제복을 입고 있다. 다른 말로 하면 2030년대의 고위 군부 지도자들의 준비가 이미 시작되었다!

마이클 하워드 경이 일찍이 설파했듯이 군인은 육체적으로뿐만 아니라 정신적으로도 가장 힘든 직업이다. 게다가 군인은 다른 직업에는 없는 문제에 봉착한다.

육해공군을 막론하고 직업 군인은 지휘관으로서 자신을 단련하기 위해 싸워야 하는 두 가지 큰 어려움을 안고 있다. 첫째로, 그의 직업은 평생에 한번(그것도 정말 많겠지만) 실력 발휘할 필요가 있을지 모른다는 점에서 거의 유일하다. 그것은 마치 외과의사가 한 번의 실제 수술을 위해 평생 인체 모형을 가지고 연습하는 것, 또는 법정변호사가 경력이 끝날 때까지 한두 번 법정에 출두하는 것, 또는 수영선수가 전 국민의 기대가 걸린 올림픽 우승을 위해 맨땅에서 평생 훈련해야 하는 것과 같다. 둘째로, 어쨌든 군 복무를 한다는 복잡한 문제가 그의 정신을 완전히 사로잡는 경향이 있어 무엇 때문에 복무하고 있는지 망각하기 쉽다.[4]

젊은 장교와 하사관 양성은 그들을 직업군인으로서 훈련시키는 것부터 시작해야 하지만 전쟁, 임지 이동, 문화 차이 등의 과제에 대처하도록 만드는 지적 교육도 포함해야 한다. 25년 기간 동안 그들은 육해공 통합전쟁이 요구하는 과제뿐만 아니라 자신의 군사 주특기상의 특별히 어려운 과제를 통달해야 한다. 그러나 마찬가지로 중요하지만, 전쟁과 군사력 투사가 제기하는 도전에도 스스로 대비해야 한다.

아프간과 이라크에서의 최근 경험에 비추어 보면 분명 전쟁에서는 인간이 다른 어느 요소보다도 중요하다. 기술 등 다른 차원도 중요하지만 대체로 결정적인 것은 아니다. 무엇보다도 2030년대 미군에서 고위직을 맡을 장교들은 자신의 전문 영역 및 그 전문 영역의 전략적·정책적 의미관계를 전체적으로 파악해야 한다. 이 수준의 리더십에서는 팀의 조화를 위한 기초가 될 신뢰를 구축하는 기술이 전술 또는 작전상의 용맹만큼, 어쩌면 그보다 더 중요하다. 미래의 통합군은 효과적인 연합을 형성하고 주도할 지도자를 가져야 한다. 이는 재임 중 '남'을 역사적·정치적·문화적·심리적으로 이해하는 능력을 요구하기 때문에 평생이 걸리는 지적 준비다.

2030년대의 세계는 전쟁의 기술적·작전적 측면을 통달하는 것 이상

---

4 Sir Michael Howard, "The Uses and Abuses of Military History," Journal of the Royal United Service Institution. 107 (1962), p. 6.

의 능력을 요구할 것이다. 지금까지 기술된 다수의 도전은 분권화된 작전을 요구하는데, 그러한 작전의 속성상 하사관들도 다른 나라 문화와 사람뿐만 아니라 전쟁의 기본 성격을 이해해야 한다. 왜냐하면 그들도 틀림없이 오늘날 중급 장교가 부딪히는 도전과 맞먹는 도전에 직면할 것이기 때문이다. 장교와 하사관 모두 연합군에 참여하게 될 것인바, 그 연합군에는 미국이 주도적 행위자가 되든 안 되든 협력국이 불가피하게 중요한 역할을 담당할 것이다. 모든 군대 지도자는 모호한 상황에서 그리고 상부로부터 분명한 지시가 없거나 사정변경에 의해 그 지시를 따를 수 없는 조건하에서 결정하고 행동하기 위해 자신감으로 무장해야 한다.

미래 지도자가 과거, 현재, 미래의 전쟁 성격에 관해 철저한 기초지식을 갖고 더욱 복잡한 세계의 정치적·전략적·역사적·문화적 구조를 이해할 수 있도록 교육을 제공하는 것, 이것이 미 군부가 직면할 근본적인 도전이다. 1970년대 초 해군대학에서 지적혁명을 시작한 스탠스필드 터너 제독은 직업적 군사교육의 더 큰 목적을 다음과 같이 잘 표현했다.

군사대학은 미국이 직면하는 더 큰 군사적·전략적 이슈에 관해 고급 장교단을 교육하는 곳이다. …… 군사대학은 고급 장교가 지금까지 바쁜 업무경력상 요구된 것보다 더 넓은 맥락에서 사고하도록 힘든 지적 교과과정에 의해 교육해야 한다. 무엇보다도 군사대학은 출석하는 장교의 지적·군사적 시야를 넓힘으로써 그들이 우리 군과 조국이 직면하는 더 큰 전략적·작전상 이슈에 관해 개념을 갖도록 해야 한다.

미래의 복합성을 감안하면 고급장교 교육은 참모·군사대학에 국한되어서는 안 되며, 세계 최고의 대학원으로 확대되어야 한다. 직업적 군사교육은 군사작전 수행과 자원 획득·배분 양면에서 비판적·창조적으로 생각하는 능력을 가르쳐야 한다. 각 군은 교육의 폭과 깊이 차원에서 역사, 인류학, 경제학, 지정학, 문화연구, '경성(hard)'과학(사회과학에 대비되는 자연과학을 지칭─옮긴이), 법률, 전략통신 등을 포함하는 일련의 적절한 학과목을 흡수해야 한다. 각 군 최고의 장교들이 이러한 프로그램에 출석해야 한다. 장교들이 이 모든 학과목을 통달할 수는 없지만 그 의미와는 친숙해질 수 있고 또 친숙해야 한다. 달리 말하면 미국의 장래 군사지도자들의 교육적 개발은 학교 건물에 국한되어서는 안 되며, 장교들의 평생에 걸친 자기 학습과 지적 활동을 포함해야 한다.

제 5 장

두 가지 선결 문제

미래 안보환경과 관련된 사항이 불확실하고 모호하지만 미군 전력과 미래 지도자가 향후 도전에 대처하도록 군부의 준비 작업을 개선할 수 있는 구체적 영역이 두 가지 있다. 이 보고서가 서두에 밝혔듯이 아마도 군사조직이 요구하는 가장 중요한 문화적 속성은 평시에는 혁신하고 전시에는 실제 전투현장에 적응할 수 있는 능력이다. 불행히도 미 국방부의 문화적·관료적 현 구조는 미래 혁신과 적응으로 가는 길에 있어 주요한 장애물이다.

우리는 그러한 장애물을 간단한 단어나 구절로 요약할 수 있다. 개혁이 필요한 것은 분명하나 효과적 개혁의 실행, 즉 중요한 '방법적인 측면(how to)'에 있어서는 안락하고 뿌리 깊은 관료주의, 군부 내 하위문화, 현상유지 요구 등에 대항하는 지속적 노력을 요구할 것이다. 변화를 요하는 두 가지 영역은 획득과 인사제도다.

1. 방위경제학과 획득 정책

이 보고서는 미국 군사력에 대한 잠재적 적의 비대칭적 힘 사용에 관해 철저하게 언급했다. 미국과 잠재적 적, 특히 비정규적 의미의 적 사이에는 방위지출 면에서도 비대칭성이 있다. 우리는 급조폭발물장치(IED)의 위협에 대항하기 위해 미국이 지출한 엄청난 돈을 생각할 필요가 있다. 미국은 이 조잡하고 값싸며 효과가 뛰어난 장치에 대항하기 위해 문자 그대로 수십 억 달러를 썼다. 이 비율을 전 세계의 적에 곱하기한다면 실행 불가능할 것이다. 이러한 비대칭성은 저급의 위협에 대해 가장 현저하지만 더욱 정교한 위협에도 적용된다. 현재의 경제학적 관점에서 보면 중국은 똑같은 역량을 얻는 데 미국보다 훨씬 적은 비용을 지출할 것이다. 예를 들어 중국의 우주 프로그램은 값싼 노동시장과 원자재비용 및 분해공학(reverse engineering)에 의한 절약에 힘입어 미국에 비해 10분의 1 정도의 비용이 든다.

수십 년간 획득 개혁을 요구하는 정당한 목소리가 있었으며, 여러 그룹이 분명하고 솔직하며 지적인 연구물을 생산하는 동안 실제 개혁은 거의 이루어지지 않았다. 이것은 더 이상 관료주의 문제가 아니며, 전략적 효과와 관계가 있다. 가까운 미래에 교란적 기술이 등장할 가능성을 감안하면 중요한 문제는 미국이 그러한 기술을 보유하느냐 여부가 아니라 통합군이 그러한 기술을 얼마나 넉넉하게, 빨리 그리고 효과적으로 전쟁 관련 개념·교리·접근방법 속에 구현하느냐다. 그러나 이는 사실 미래 전장에서 그러한 기술을 사용해야 할 제 부대 및 사령부가 할 일이다.

획득 과정을 철저하고 일관되게 개혁하지 않는다면 적이 기술 진보를 더 넉넉하게, 빨리 그리고 효과적으로 구현할 가능성이 상당히 있으며, 이는 미래 통합군에 심각한 영향을 미칠 것이다.

2. 인사 제도

통합군이 미래 지도자를 양성하는 데 있어 부딪히는 가장 큰 어려움
은 인사제도와 관련이 있다. 현행 인사제도의 철학적·수단적 바탕은
1899~1904년 기간에 단행된 개혁 및 1947년·1954년·1986년 의회에
서 통과된 법률에서 비롯된다. 이들 개혁과 법률이 여전히 인원의 충원,
훈련, 승진, 퇴직 등에 대한 군의 접근방법을 상당한 정도로 지배한다.

현행 인사 및 지도자육성 시스템은 두 번의 세계대전 시 대규모 육군
을 만들기 위한 오래된 낡은 동원 체제에 그 뿌리를 두고 있다. 미국이
지난 35년간 병력을 모두 지원병으로 충원하는 동안 관료체제는 여전
히 산업시대, 동원 기반의 지도자 육성 패러다임에서 '생각하고 행동한
다'. 그러한 접근방법이 계속해서 각 군의 훈련과 교육에 대한 접근 태
도를 형성하고 있으며, 이 때문에 종종 훈련과 교육을 혼동하기도 한다.
이러한 상태는 바뀌어야 한다.

우리가 전략적·작전적 이해도가 더 높은 수준에서 운영되는 군을 육
성하고 유지하고자 기대한다면 이제 미래 통합군의 지적 요청과 일치하
도록 충원·교육·훈련·포상·승진 시스템을 손볼 때가 되었다.

제 6 장

결론적 고찰

장군직은 적어도 저의 경우에는 이해했기 때문에, 즉 공부와 두뇌활동을 열심히 하고 집중했기 때문에 주어진 것이라는 점을 분명히 하십시오. 만일 그것이 저에게 쉽게 왔었다면 제가 그렇게 잘 (지휘)하지는 못했을 것입니다. 귀하의 저서가 설득력이 있어서 우리 신병들이 읽고 숙지하면서 훈련교범과 전술도표 밖의 것을 배울 수 있다면 보람 있는 일일 것입니다. 저는 우리 장교들에 관해 호기심이 발동할 때면 근본적으로 무력감을 느낍니다. 몸은 너무 좋은데 머리가 너무 없지요. 완벽한 장군이라면 하늘과 지상에 있는 모든 것을 알 것입니다.

그래서 제발이지, 귀하가 저를 그렇게 보아주시고 제 생각에 동의하신다면 문헌과 역사를(군사학은 더욱 진지하게) 더 공부하도록 저를 강연 교재로 쓰십시오. 우리가 지나온 2,000년의 역사를 보면 싸움에서 잘 싸우지 못하는 데 대해서는 핑계가 없습니다.

—1933년 T. E. 로렌스가 B. H. 리델 하트에게[1]

평시에 혁신하고 전시에 적응하는 능력을 갖추기 위해서는 제도적·개인적으로 영민해야 한다. 이 영민함은 엄격한 교육, 기술의 적절한 응용, 그리고 군사작전이 수행되는 사회적·정치적 배경에 대한 풍부한 이해의 산물이다. 그러나 무엇보다도 혁신과 적응은 상상력과 제대로 질문할 줄 아는 능력을 요한다. 혁신과 적응은 군사적 효과성에 있어 가장 중요한 두 가지 측면이다. 혁신은 중요한 이슈들을 두루 검토할 시간이 있는 평시에 발생한다. 그러나 평시에는 적군이 미군을 파괴하기 위해 최선을 다하는 실제 전투 상황을 군사조직이 복제할 수가 없다. 그래서 과거와 미래를 더 잘 이해하기 위한 군사연구 ― 증거 기반의 관점에서 역사, 현행작전, 전쟁게임, 실험 등을 이용하는 ― 에 가산점을 주어야 한다. 학교 종사자와 실험 참가자 간 연계가 있어야 하며, 무엇보다도 가상 적군의 구성과 가정에 대한 질문을 엄격하고 정직하게 던져야 한다. '전 목표 달성'이라는 보고는 미래의 군사적 재난을 부르는 비결일 뿐만 아니라 지적 부정직성을 보여주는 보증서다.

적응은 즉각적인 전투 요구로 인해 반추할 시간이 거의 없다. 이 점에서 평시에 개발된 사고 패턴이 중요하다. 왜냐하면 적응은 군사조직이 분쟁에 돌입했을 때 설정된 가정에 대해 의문을 제기하는 과정을 필요로 하기 때문이다. 과거 사례를 보면 평시에 가정을 가혹하게 검토하고 정직하게 평가한 군사조직이 실전에서도 똑같이 했다. 그렇지 못한 군사조직은 반드시 상당한 인명 대가를 치렀다. 지휘관이 부하들의 말을 경청하고 수용한 군사조직은 실제 전투에서 무슨 일이 벌어지고 있는지

---

[1] As quoted in Robert B. Asprey, *War in the Shadow, The Guerrilla in History*, Vol. 1 (Garden City, NY: Doubleday & Company, 1975), p. 270.

인식하고 있었다. 왜냐하면 그들은 남의 경험으로부터 배우도록 자신을 문화적으로 변용시켰기 때문이다.

전시의 군사적 효과성을 정의하는 요소는 전쟁에 대한 사전 구상과 이해가 언제 잘못되었고 언제 바뀌어야 하는지를 인식하는 능력에 달려 있다. 불행히도 역사적 교훈에 비추어 보면 대부분의 군사·정치 지도자는 자신이 직면하는 실제 상황에 적응하기보다는 미래 전쟁에 관한 자신의 구상을 현재 몸담고 있는 분쟁 현실에 강요하려고 했다. 전투 공간의 특징인 혼미와 마찰 때문에 틀림없이 실제 무슨 일이 발생했는지를 이해하기는커녕 아는 것도 극히 힘들다. 더구나 오늘의 교훈이 아무리 정확하게 기록되고 터득되었다 하더라도 내일이면 무용지물이 될 수 있다. 적도 인간이며 따라서 우리와 마찬가지로 학습하고 적응할 것이다. 미래의 도전은 엄격한 지적 이해를 가진 지도자를 요구할 것이다. 2030년대의 장군과 제독, 하사관과 부대장에게 그러한 기초를 제공하는 것은 미국이 미래의 위협에 대처하고 기회를 포착할 수 있는 태세를 갖추도록 보장할 것이다.

옮긴이

박안토니오
미국 오하이오 대학교 경제학 석사, 정치·경제 분야 전문번역가
역서: 『글로벌 트렌드 2025: 변모된 세계』

박행웅
한국외국어대학교 대학원 영어학 석사
역서: 『소용돌이의 한국정치』(공역), 『네트워크 사회』 외 다수

한울아카데미 1121

합동작전환경 평가보고서
미 래 통 합 군 을 위 한 도 전 과 함 의

ⓒ 박안토니오 · 박행웅, 2009

지 은 이 • 미국 통합군사령부
옮 긴 이 • 박안토니오 · 박행웅
펴 낸 이 • 김종수
펴 낸 곳 • 도서출판 한울
편집책임 • 김현대
표지디자인 • 정명진

초판 1쇄 인쇄 • 2009년 3월 5일
초판 1쇄 발행 • 2009년 3월 16일

주소(본사) • 413-832 파주시 교하읍 문발리 507-2
주소(서울사무소) • 121-801 서울시 마포구 공덕동 105-90 서울빌딩 3층
전   화 • 영업 02-326-0095, 편집 02-336-6183
팩   스 • 02-333-7543
홈페이지 • www.hanulbooks.co.kr
등   록 • 1980년 3월 13일, 제406-2003-051호

Printed in Korea.
ISBN 978-89-460-5121-8 93390

* 책값은 겉표지에 표시되어 있습니다.